數學之前
人人平等

我們都有數學天分
只缺正確的開導和信心

約翰·麥登 JOHN MIGHTON

謝樹寬——譯

献给
······

帕蜜拉·玛拉·辛哈

推薦序
數學教育的平權之書
——賴以威

　　這本書理論上是一本講數學教育的工具書，但閱讀過程中，我更覺得作者約翰·麥登的重點是「倡議平權」。說起平權，大家一定不陌生，畢竟這是台灣社會近年來相當積極討論的議題。麥登試圖協助、保護的又是哪一個弱勢群體呢？

　　答案是，被認為沒有數學天分的那群人。

　　這群人沒有像性別那樣很容易一望而知的外表特徵，但仔細回想，我們從小的學習過程中就有這麼簡單到有些暴力的二分法：有數學天分的人，和沒數學天分的人。前者就是那些上課聽一聽，例題習題做一下就能考很好的同學，再誇張一點就是老師上課舉例，三歲幫爸爸算數，小學時自行發明等差級數公式的天才數學家。彷彿數學就像音樂一樣，只有那些具天賦的天之驕子才能學好。

　　這個曾經被許多人視為百分之百正確的道理，如今已經遭受到許多研究的質疑。我很喜歡書中作者的一段比

喻：即使是西元前 400 年最開明的思想家也認定女性不如男性，認定奴隸制度對奴隸和奴隸主同樣是好事。亞里士多德的說法可能有點讓人寒心，他說有些人天生是主人，而其他人則只適合做「活生生的工具」。

因為對這個議題有興趣，我先前讀過許多相關文獻，例如史丹福教育系教授波勒提出的「成長型數學思維」，認為比起數學天分，建立正確學習數學的態度，從錯誤中學習，更能幫助每位小孩學好數學；或是「刻板印象威脅」讓人們表現失常，女同學（普遍被誤認為較沒有數學天賦的一群人）只要受到性別暗示，考試分數就會比正常表現來的低；患有「數學焦慮」的那些人，面對數學時，因為恐懼數學，更影響了他的數學表現。

然而，數學成就不完全由天分所決定，甚至後天如學習方式、心態等的影響可能更大。很多時候，認定「數學天賦論」的那些人，會受到彷彿詛咒般的影響，在數學的學習之路上加倍艱難。因為當他們在數學之路上開始遇到挫折時，他只會想，數學好是天生而不是努力來的。換句話說：努力也沒用。他們與正確的學習方式、心態漸行漸遠。

我原本就知道這些道理（第一次知道時非常震驚），因此讀本書時對這個部分並沒有特別印象深刻。但我認

為，作者麥登把論述提高到另一個層次：他認為，這群被認為沒有數學天分的人，其實是受到壓迫的。

那樣的壓迫雖然無形，卻實實在在的影響這群人的生活：因為被認為沒天分，所以對數學的信心、興趣低落，進而影響到學習成果；學得更差後，更確認自己沒天分，陷入惡性循環；從此畏懼數學，對這門學科敬而遠之。

這個影響，小則反應在學校的課業成績，中則是每個階段的升學就業，大則是整個人生。數學其實是一門語言，一門有別於中文、英文、日文更抽象的語言，但當你學會這種語言後，你能更擅於洞察事物的本質以及背後的邏輯規律。數學讓我們在日常生活中除了直覺式的判斷思考外，還能建立起一種有邏輯性、佐以數據分析的精準思考，幫助我們處理那些直覺難以處理的事物。

書中一段話我非常認同：「我們如今生活的時代裡，即使數字的規模出現極小的變動——從金錢借貸的成本、或是某個家用品成分的濃度——都可能產生影響到全世界的連鎖效應。這可從最近科學家發現北美和歐洲銷售的化妝品和肥皂所含的的塑膠微粒出現在北極魚類體內得到印證。由於我們的生活越來越受到數字的主宰，加上數字條碼和演算法不間斷的追蹤我們的偏好、啟動我們的裝置、管理我們的交易，我們再也經不起對數學一無所知。」

「我們經不起對數學的一無所知」，從這個觀點來看，那些因為小時候幾次數學沒考好，就被群體氛圍（有時候可能是善意的，想想看你是否曾聽過爸媽安慰小孩「或許你比較擅長語文不是數理」）分類到沒有數學天分的那群人，之後因為再也沒有機會調整學習方式，沒有建立起正確看待數學的態度，所以持續的學不好數學。然後在各方面，有意識或無意識的情況下受到壓迫。

　　透過作者的類比，我才真確感受到這個問題的嚴重性。換個角度來說，我們的數學教育不只是要教會大家數學，而是要維持平等，讓每個人都有機會能學好數學。在這個科技、資訊、數據當道的時代，要確保每一位小孩長大後，都能公平的擁有處理數據、邏輯思考的能力。

　　作者的平權工具，就是他發明的數學教材 JUMP，這套教材很細緻的將數學的觀念一一拆解，循序漸進的引導學生認識每一個觀念。知識的高度結構化是數學的優點也是缺點。優點在於你很清楚知道要攀爬到最高的知識點之前，得先具備那些知識。缺點是，你會很清楚看到這條路有多漫長，而且不會就是不會，面對數學我們無法含糊帶過。JUMP 教材的精神，就是一次一步，讓學生循序爬上數學知識的高塔。從精神與目前的推廣成效看來，我相信這套教材有一定的用處，也絕對能幫助到許多人。不過，

深入了解教材，我想是老師跟父母另外比較感興趣的。

這本書的價值遠不止於此。作者曾經客串經典電影《心靈捕手》，說了一段或許觀眾不曾留意，但非常重要的台詞：

研究生湯姆：「大部分人從沒有機會知道自己能夠有多聰明。他們沒有找到相信他們的老師。他們誤以為是自己太笨。」

我希望過五年、十年後，這個社會上對數學教育的主流聲音會有所改變，當人們看到一位小孩數學考不好時，不會再說「沒關係，你可能比較適合文史」，而是會告訴他：

「這個觀念我以前也犯過錯，不過後來搞懂了，讓我們一起來看看你哪裡沒想清楚吧。」

推薦者簡介
賴以威｜「數感實驗室」創辦人。

目錄

導言

　　對我而言，一切都得之不易。

　　我是個數學家，不過三十歲之前我並沒有展現多少數學的資質。在中學時代，我總是搞不懂分數的除法為什麼一定要把分子分母上下顛倒，也不懂為什麼在負數上頭加個平方根符號它就變「虛」數了（明明我看得到那個數字還在那兒）。上大學後，我第一次修微積分差點被當掉。多虧鐘形曲線救了我，它讓我的原始分數提升到了 C⁻。

　　我也是個劇作家。我的劇本在許多國家演出過，不過我不會去看劇評，除非有人跟我保證安全無害。早期我曾犯錯，在報紙上翻看了兩位本地評論家對我第一個重要作品的評論。他們寫劇評之前彼此應該沒有事先商量，結果一篇的標題是「稍嫌雜亂」，另一篇則是「一團雜亂」。

　　我常希望自己能像我的文學和科學偶像們一樣，他們似乎在靈感迸發的瞬間，就可創造完美的詩句或破解艱澀的問題。如今我身為專業的數學家和作家，聊表安慰的是自我教育的持續奮鬥和達到今日成就所做的不懈努力，已

讓我對如何發揮潛能激起了大大的好奇。

學習遲緩者

　　我從很早就對自己的智力和學習方法感到著迷。我從二十幾歲開始教書，一開始是以研究生的身分教哲學課，之後成為小學數學老師，也對別人的學習方法感到興趣。如今，我已經教導過成千上萬個不同年齡的學生數學和其他科目，也讀過不少教育和心理學的研究，我確信我們的社會嚴重低估了小孩們和大人們的智力潛能。

　　在大學時期，我在寫作和數學一樣看不出有太多希望：我在寫作課拿了 B+——全班最低的成績。在我就讀哲學研究所第一年的某天晚上，我讀到詩人席薇亞・普拉絲（Sylvia Plath）的書信集，這是我照顧姊姊的小孩時在我姊的書架上發現的書。從普拉絲的書信和早期的詩作可以發現，她曾經純粹靠著決心意志教自己寫詩。她在青少年時期學習了所有關於詩的韻律和形式。她寫作十四行詩和六節詩，背誦同義字典和神話。她也仿作了幾十篇她所喜愛的作品。

　　我知道普拉絲被視為是同時代最有原創性的詩人，因

此我很驚訝她自己學習創作的過程竟是如此機械化且缺乏啟發性。從小到大我一直以為，如果某個人天生是作家或是數學家，那麼形式完整而意義深遠的句子或是方程式會自然從他們腦中湧出。我曾坐在空白的紙頁面前幾個小時，等待有趣的事自動出現，但這從未發生過。讀了普拉絲的書信之後，我開始期待，也許我能找到可循的途徑來發展自己的一家之言。

在我轉向劇本寫作之前，有好幾年時間我一直在模仿普拉絲和其他詩人的作品。在這段時候，我找了家教班的工作來補貼寫作的收入。家教中心的女性負責人要我教數學，因為我在大學曾修過微積分（但我忘了告訴他們我的分數）。上家教課讓我有機會可以和學生們一次又一次處理相同的主題和問題，我的學生年齡從六歲橫跨到十六歲。曾經在青少年時期令我困惑的觀念（像是為什麼負負會得正）逐漸變得清楚，我的信心也隨著我更快學習新材料的能力而增加。

我的第一批學生中，有一位是十一歲的害羞男孩安德魯，數學讓他吃足苦頭。上六年級時，安德魯被安排在補救班。他的新老師提醒他的母親不要對兒子抱太多期待，因為他智力上的挑戰無法應付正常班級的數學課。我們開始上家教課的前兩年，逐漸建立安德魯的信心，到了八年

級，他已經被轉到數學資優班。我教他到十二年級之後就沒有再聯絡，不過最近他邀我一起吃飯。吃飯時安德魯告訴我，他剛剛得到數學教授的終身教職。

在我小時候，我常常會拿自己和數學競賽表現優異、學習數學新概念輕鬆容易的同學相比較。看著這些同學在學業上遙遙領先，我會自認為自己缺乏學好數學所需的天賦。不過到了三十歲，我驚訝的了解到自己可以很快學習我所教的概念，而且很容易讓像安德魯這樣不曾展現所謂數學「天分」的學生，透過耐心教導而在這個科目上有傑出表現。我開始懷疑，許多人在數學及其他科目所遭遇的困難，根源是在於我們對於天分以及先天的學能階層（academic hierarchies）的既定觀念。

最早從幼兒園開始，孩童們就開始和他們同輩做比較，並辨識哪些人在哪些科目上有天分或比較「聰明」。孩子們如果認定自己沒有天分，往往就不再關心或是努力求表現（就和我唸書時一樣）。這個問題在數學課比其他科目更容易變得嚴重，因為學數學時如果你落後了一步，接下來很可能就無法理解下一步。這是惡性循環：失敗越多次，人們就越加強化了對自己能力的負面看法，學習效率也就更差。我個人認為，先天學能階層的這種觀念遠比先天的天賦能力，讓人們在數學和其他科目上的成就差異

更具有決定性的影響。

　　我到三十歲出頭才回學校研讀數學（從大學部的課程開始），最後因為在這個科目的研究獲得加拿大最高等的後博士學人身分。在此同時，我的劇本也獲得幾項全國的文藝獎，包括一項加拿大總督獎。我並不認為我創造出能和我藝術上和智識上的偶像們相提並論的作品，不過我的經驗讓我相信，我用來訓練自己成為作家和數學家的方法——包括刻意練習、模仿、以及精通複雜觀念和提升想像力的各種策略——能幫助人們改進他們在藝術和科學的能力。

　　我在攻讀數學學位時，我常會想，在我發現普拉絲書信集的那天晚上，如果我在書架上選擇的是另一個本書，我的人生會是怎麼樣。我很慶幸自己重拾孩提時代創造和發現新事物的熱情，也慶幸自己的父母和家人對我追尋自我熱情的鼓勵。看著我的學生們對數學更加投入也更有成就，我開始認為我也應該幫助對自我能力喪失信心的人們，讓他們也能夠重拾信心，並保有他們的好奇心與求知慾。

　　在我讀博士班的最後一年，我說服幾個朋友在我家公寓裡一起開辦名為 JUMP Math（全名 Junior Undiscovered Math Prodigies，「未發掘的少年數學天才」）的免費課

後補習課程。二十年之後，在北美地區有二十萬名學生和教學者使用 JUMP 做主要的數學教材，這個課程也擴展到歐洲和南美。它課程方法的發展過程參考知名認知科學家、心理學家和教育研究者的研究，其中許多人在這本書中你會看到。這些方法易於理解和應用，同時它們會強化對自己能力的信心，而不是指定到你特定的技能層級。它可以提供大人們協助孩童更有效學習任何科目，或是運用它來自我教育、追尋人生的新道路，就像我一樣。

在我介紹這些方法和支持這些方法的研究之前，我會先仔細審查一些關於智力和天分的迷思，這些迷思影響我們智能的充分發展，也給我們的社會帶來額外的問題。因為人們很難想像他們在學校時有學習困難的科目也能變得拿手，也很難想像一般人智力所能達到的成就、或是理解當我們無法依據人們潛能提供教育時對我們社會造成的嚴重損失。這種想像力上的困難，讓許多人不由自主陷入挫折與錯失機會的循環之中：要跳脫這種循環，我們必須重新檢視關於究竟何謂所有人「平等」，或是人生機會均等的最基本觀念。

看不見的問題

      每個社會都苦惱於一些看不見、特別難於解決的問題——最主要是因為它們是看不見的。有些時候，社會在看出阻礙它進展的問題之前就已經崩解。有些時候，這個過程則可能經歷好幾個世紀。

      古希臘人是眾所皆知的創新者。他們首立民主制度，在數學和科學方面也創造出為數驚人的重大突破。不過這個偉大而進步的社會卻因一個他們所見不到的險惡問題而崩解。即使是西元前 400 年最開明的思想家也認定女性不如男性，認定奴隸制度對奴隸和奴隸主同樣是好事。亞里士多德的說法可能有點讓人寒心，他說有些人天生是主人，而其他人則只適合做「活生生的工具」。希臘人無法解決在他們的時代最嚴重的問題，因為他們無法設想一個更公平的社會。

      過去三百年來，每個人不論其種族、性別、或社會地位，天生具有同樣不可剝奪的權利的這種觀念已經逐漸在全世界得到認可。理論上，在大多數國家我們都被授予這些相同的權利。

      不過在實際情況下，這些權利並不是對每個人都以相同方式得到保障。在世界許多地方，這些權利對人們生活品

質的影響仍然有限。即使在西方民主政體，人們天生有不可剝奪的投票權利，但他們未必有同樣的社會或經濟機會。

全世界有半數的財富是在 1% 的人手上，即使在已開發國家仍有數以千萬計的人們沒有足夠的食物、或是得到適當醫療保健和衛生設施。我們面臨了各式的威脅——包括經濟不穩定、氣候變遷、教派衝突和政治腐敗，它們對世界上最貧窮和最弱勢的人們而言影響更為嚴重。在這樣的世界裡，很難想像在一個社會裡，人們在物質條件上是生而「平等」的，或者是人們可以用相同的方式運用他們的基本法律和政治權利。

為提供每個人生命的公平機會而制定的法律和憲法，對於公平競爭只算達到部分的成功。這是因為社會裡最嚴重的落差並不光是法律或政治上的不平等，還有一些是難以看出的、微妙且無所不在的不平等所造成。這類的不平等看似是某些社會和政治力量的副產品，或是資本主義的缺陷，不過我相信它主要是源於我們對人類潛能的無知。在已開發國家，這種不平等對富裕家庭的孩童與對貧窮家庭的孩童可能同樣有影響（雖然財富確實有助減緩它的後果）。在許多方面來說，它是其他一些不平等的根源。我把這種不平等稱之為「智力上的不平等」。同時，我認為它是可輕易消除的，特別是在數學和科學學科方面。

在本書中我有時會用到 JUMP Math 的例子來說明學習和教學的各種原則，不過這並不是一本關於 JUMP 的書。我對人類潛能的主張以及能夠開啟潛能的教學方法，背後有大量認知科學和心理學研究的支持，它們與 JUMP 並無直接相關。未來這個研究將更廣為人們所知，不論我們是否使用任何特殊的數學學習課程，我們都將被迫對我們自己和我們的孩子在數學和其他科目設定更高的期待。一旦我們理解並充分掌握了這項研究的完整意義，我們現今對於智力的觀念，將和有人天生是奴隸、有人是主人這類的觀念一樣，被視為是過時而且有害的。人們自古以來就難以克服的問題——它源於我們培養智力平等的失敗——也許總算可以被妥善處理。

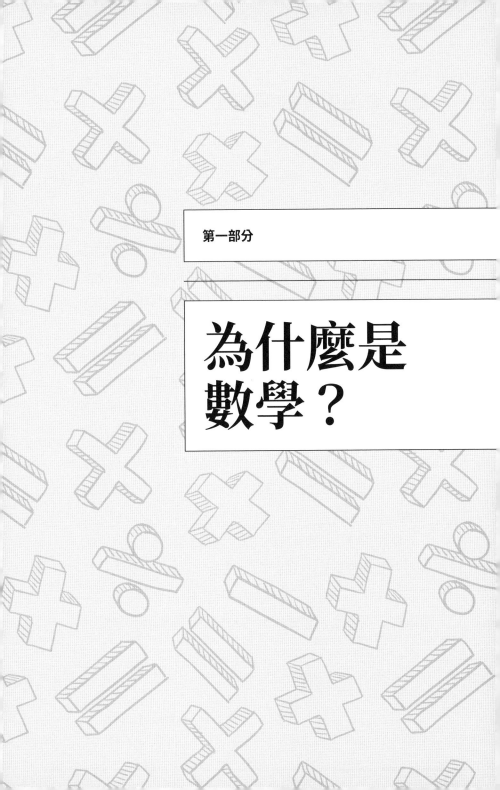

第一部分

為什麼是
數學？

第一章 99% 的解答

　　過去二十年來，認知科學的研究讓科學家對腦的想法有了根本的改變。研究者發現我們的腦具有彈性，在生命的任何階段都可以學習和發展。除此之外，越來越多的證據顯示絕大部分的孩童與生俱來有學習任何事物的潛能，包括看似困難的數學和科學等科目，特別是在已被證明有效的方式教導下。事實上，如果每個孩子打從上學第一天就依據他們真正的潛能予以教導，我預測到了五年級時，99% 的學生都可以像現在最頂尖 1% 的學生一樣學習數學，並且愛上數學。同時我也相信，數學是所有年齡的學習者最容易開啟他們智能的科目，而且，如果他們使用我在本書中展示的方法接受教導，相當多的大人可以發展出數學的才能。

　　在許多的心理學研究中，人們透過訓練發展出過去被視為天生的音樂能力（例如完美的音準），或是大大提升他們在 SAT 的成績表現（觀察類比的能力變得更強），這說明了專家是被訓練出來的，不是天生的。如同菲利

浦‧羅斯（Philip E. Ross）發表在《科學人》（*Scientific American*）期刊的研究調查〈專家心智〉所指出，這些研究結果對教育具有深遠的影響。根據羅斯的說法，「與其不停思索『為什麼強尼無法閱讀？』這個問題，或許教育家該問的是『為什麼世界上有他學不會的事？』」[1]

當人們遇到擺在眼前的證據與他們長久以來抱持的信念相矛盾時，他們往往會想辦法忽視它或是用其他方法解釋掉。心理學家把這種應付衝突觀點的方法稱為「認知失調」（cognitive dissonance）。社會上，多年來我們對於人類學習能力這方面一直出現嚴重認知失調的狀態。我還記得早在 1990 年代，就在報紙上讀過關於驚人的孩童心智潛能以及年長者腦部令人稱奇的可塑性。從那個時代開始，我讀過關於這主題許多傑出的著作，包括大衛‧申克（David Shenk）的《別拿基因當藉口》（*The Genius in All of Us*）和卡蘿‧杜維克（Carol Dweck）的《心態致勝：全新成功心理學》（*Mindset: The New Psychology of Success*）。我寫的兩本書《能力迷思》（*The Myth of Ability*）和《無知的終結》（*The End of Ignorance*）也寫到這個議題。

然而，讓我覺得奇怪的是，雖然這些研究早已廣泛發表，但它們的出現卻幾乎沒有讓人們對自身智力的看法或

是教導人的方式帶來改變——不管是在家中、在學校、或是在工作場所。就如古希臘人無法設想一個人人天生平等的世界，儘管出現這些證據，似乎我們也無法設想一個基本上每個人天生都具有潛能去學習、並熱愛學習任何科目的世界。

智力階層讓每個人都更不聰明

看看底下的例子，可以看出我們認知失調的嚴重程度。當人們抱怨北美地區的教育問題時，似乎多半認為只要美國和加拿大的學生在閱讀和數學的國際測驗上，能和表現最好的國家一樣好，問題就都解決了。媒體會特別點名芬蘭和新加坡這些國家的教育制度較為優越，是因為它們的學生在 PISA（Programme for International Student Assessment，中文名稱「國際學生能力評估計畫」，是每三年舉行一次，由八十國家的十五歲學生參加的測驗）這類標準化數學成就測驗的表現比較好。

這些測驗的結果值得仔細研究，不過比較值得注意的倒不是它對教育功效的證明，而是它透露出我們對孩童和他們潛能的看法。從人們討論這些測驗的說法，你可以清

楚看出他們對於普通孩童在學校表現的期待是什麼。

在 PISA 測驗中，數學想拿到五或六級分需要用到大學的課程；得到三級或以下的成績則表示受測學生難以勝任需要高於基本數學程度的工作。在 2015 年，只有 6% 的美國學生和 15% 的加拿大學生達到五或六級的成績，相較之下芬蘭是 12%，新加坡則是 35%。不過，在芬蘭有將近 55% 的學生成績是在三級或以下，而新加坡有大約 40% 是這樣的分數。（美國和加拿大則分別是 79% 和 62%。）[2]

許多人認為，美國的教育者應該研究頂尖表現國家的教學法，好用同樣的方式教導美國的學生。我認為這是個好主意，不過我們可能也要研究一下，這些國家可以產出強大數學能力學生，為何卻教不好近半數的人。能回答這個問題，或許對於提升數學教學的幫助，跟效法其他國家任何教學法的幫助一樣大。

學生的數學成就差異巨大似乎是自然的事。在每個國家的每個學校裡，都只有少部分學生被期待會在數學科表現優異或熱愛學習數學。在全球幾大洲我曾拜訪的學校當中，我總是會看到為數不少的學生在小學畢業時程度落後了兩、三個年級。在我的家鄉安大略省，這裡的孩子在國際測驗表現還不錯，在 2018 年省級的測驗中，不到 50%

的六年級學生符合該年級的成績標準。在其他科目，特別是科學方面也出現同樣的成績差異。

在我教導兒童和成人的過程中，發現許多證據可說明數學能力是極端具流動性，教師可以透過非常簡單的干預而帶來成績巨幅的提升。我們低估一般人數學能力的情況，反映在加拿大一個小學班級的案例研究。這個研究由《紐約時報》率先報導，隨後也發表在《科學美國人心智》（Scientific American Mind）。

2008 年秋天，多倫多一位小學五年級的教師瑪麗·珍·莫若（Mary Jane Moreau）為學生進行名為「數學能力測驗」（Test of Mathematical Abilities，通稱 TOMA）的標準化測驗。這個圖表說明了學生的成績分布。

五年級百分等級*，2008 年（JUMP 之前）

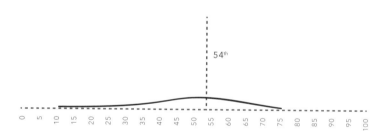

	最低	最高	平均	標準差
2008年9月，五年級生	9%	75%	54%	16.6%

*班級百分等級根據 TOMA 常模參照測驗。

班級平均成績落在第 54 百分等級，最低分是第 9 百分等級，最高則是 75 百分等級。這樣的成績分布代表著班上分數最高和最低學生大約有三個年級的差距。（這個班級有 1/5 的學生被診斷有學習障礙。）

我在演講與訓練課程中，對數百位五年級的教師做了調查，他們對於學生差異都有相類似的說法。隨著學生長大，這些差異變得更加明顯。到了中學後，許多人被「分流」到應用課程或基礎課程，其他人則得努力趕上學術課程。莫若的學生們就讀的是一所非常好的私立學校。他們的測驗成績顯示，我們把這些不平等視為天生自然的程度是多麼嚴重。連最富裕的家長也都樂於把他們的子女送到對個別學生成績造成巨大差異的學校，這暗示智力的不平等最主要並不是經濟的或階級的問題。

我遇到莫若的場合，是我在本地的師範學院簡報 JUMP 數學後她向我自我介紹。她是具創新精神的教師，在轉任私校老師之前，曾在一所名為兒童研究學院（Institute of Child Study）的實驗學校教書。她對教育研究有濃厚的興趣，也樂於進行教學法的實驗，因此她決定自己對 JUMP 課程進行調查。學生們接受 TOMA 測驗之後，她放棄原本找尋最好教材來編排課程的方法，忠實遵照 JUMP 的課程計畫。這意味著她要用更細分的步驟來

教導概念和技巧，不斷提問題並指定作業和活動來評估學生的理解程度；經常進行練習和複習；還有最重要的是，逐步提高系列挑戰的難度，由一個概念來建構另一個概念，以營造令學生興奮的學習氣氛。我在第四章會詳細談論這個「結構式探究」（structured inquiry）的方法（課程由學生自己來發現概念和理解問題，但同時有教師充分而嚴格的指引）。

經過一年的 JUMP 教學之後，莫若再次為她的學生進行六年級的 TOMA 測驗。她的學生平均分數提升到 98 百分等級，最低分得到 95 等級分（參見下圖）。

六年級結束之後，莫若的全班學生參加畢達哥拉斯數學競賽（Pythagoras math competition），這是聲譽卓著的六年級生測驗。其中數學最強的一名學生考試當天缺席，不過參賽的十七名學生中，有十四名得到傑出獎，其他三人的成績也相當接近。參與畢達哥拉斯競賽的學生通常是百分等級在前 5% 的學生，但是在這一班的學生（原本表現並不特別出色）平均分數比參加這項比賽的學生平均分數還要高。

這只是一個案例研究。不過莫若的學生並非外來物種，他們的頭腦自然也和一般正常班級的學生類似。此外，JUMP 也參與過較大規模的研究和領航課程，這些研

百分等級*，五年級（2008年）對比六年級（2009年）

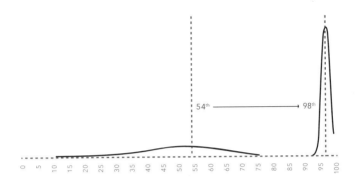

	最低	最高	平均	標準差
2008年9月，五年級生（JUMP之前）	9%	75%	54%	16.6%
2008年9月，五年級生（一年的JUMP課程）	95%	99%	98%	1.2%

*班級百分等級根據TOMA常模參照測驗。

究認為孩童的能力超乎我們預期。（關於 JUMP 成果的
整理，可在 jumpmath.org 網站上點選「Program」再點入
「Research」。）

在莫若班上，學習障礙最嚴重的一名十歲學生，她的
TOMA 測驗成績在短短一年之間從百分等級 9 進步到了
百分等級 95。十歲的孩童頭腦發展彈性不如年紀更小的
學生，因此我們應該可合理認定，如果莫若的學生更早之
前就參加可以培養能力並鼓吹成長思維的數學課程，她在
五年級的成績還會更好。

我到莫若的班級上過一次課。學生們對數學滿懷興奮，一定要我給他們出更難一點的問題。他們甚至還教我一個我早已完全忘了的除法方式。還有一次，當我上完課要和莫洛碰面時，學生們要求她離開前為他們出一些加分題——她原本已經寫在黑板上，但是忘了把遮住問題的紙撕下來。我在許多班上也見識過這種集體投入的熱情。我見過學生變得對數學充滿興奮熱情，要求下課時留下來完成功課或是要求更多的暑期作業。甚至有一次，我在勸架的時候，警告先動手的人如果不道歉我就不給他出加分題。然後他就道歉了——就為了一道數學的加分題！

　　許多人認為，老師總是被迫要做不可能的抉擇：到底該幫程度較差的學生趕上進度，還是要讓程度好的學生繼續深入學習。但是莫若的成果清楚顯示，老師並不需要做這種抉擇。

　　在學習 JUMP 課程之後，莫若班上的 TOMA 測驗分數最低是百分等級 95，比還沒上 JUMP 課程前的最高分整整多了二十分。老師藉著幫助原本分數較差的學生發揮潛力，同時間也幫助比較強的學生發揮潛力，這真讓人有點難以置信。但是莫若班上最強的學生在五年級確實比原本的表現還更好，有部分原因是因為全班同時一起進步了。到了六年級，她的全班學生都完成了六年級數學課

程，跳級上了七年級的半數課程。有幾位比較弱的學生最後比原本比較強的學生表現得更好。

莫若能給她班上的鐘型曲線帶來這麼巨大的轉變，這是因為她讓所有的學生都感覺到，大家都可以完成差不多一模一樣的事。在她的班級裡，學生是與題目對抗，而不是相互競爭。他們感染到同學之間的興奮情緒，這種興奮情緒幫助他們更加投入，牢記他們所學並在面對挑戰時堅持下去。他們被鼓勵學習，因為愛上學習而學習，而不是因為擔心考試不及格或是想要成績贏過別人。

我相信減低學校裡（以及職場上）智識不平等的程度，對改善世界的貢獻會大於我們所能投資的幾乎任何一種社會干預，這不僅是因為不平等的學習環境極不合理，同時也因為這種學習環境先天上有所不足。這樣的環境對所有的學習者都不利——包括在學術金字塔最頂端的人，因為它讓學習者輕言放棄，或是基於錯誤目的去努力。它摧毀了我們好奇的天性，讓我們的腦以最沒有效率的方式運作。除此之外，我在第六章還會指出，它也阻礙我們發展有生產力的思維模式。幸運的是，在一些領域裡的尖端研究都指出，數學是老師們最容易創造公平而有效學習環境的科目——即使對年紀較大的學習者而言也是如此。

這是你的數學頭腦

　　對溫哥華的教師艾莉莎‧柏尼絲（Elisha Bonnis）來說，幫助五年級的學生看出數字的模式和數學概念的關聯性是她最熱愛的工作。不過有很長一段時間，每當她教數學時，她總覺得自己像個騙子。

　　柏尼絲大半時間都和數學苦戰。她在小學三年級時因為支氣管炎錯過幾個星期的課之後，開始在這個科目上落後。在家裡沒有人能幫她趕上進度——當時她們不停的搬家，她也不敢在學校求助。隨著進度落後越來越多，她對這個科目出現長期的畏懼心理，老師們也開始認定她沒有能力理解一些最基本的數字概念。她接受《溫哥華太陽報》訪問，談到她使用 JUMP 課程的感想時說：「我還以為只有我有問題，以為只有我搞不懂。一再有人跟我說我就是沒有數學頭腦。」[3]

　　柏尼絲在數學遇到的困難最終也影響了她在其他科目的表現。她開始缺課、考試不及格，並且和老師發生爭執。在先後被兩所學校退學之後，她進入一所替代學校並以優秀成績取得中學學歷——數學除外，因為這個科目她好幾年前就已經放棄了。當她決定要當一名老師並申請到

英屬哥倫比亞大學的教育課程時，她驚駭的發現自己必須提升數學能力。她回憶：「在大學裡，我對數學深惡痛絕的情緒又再次糾纏著我。我每天晚上苦讀三個小時，幾乎都是邊哭邊讀。我總算及格了，但是我成為老師之後，在我教學生涯的前半段每次教數學課時我都感到能力的嚴重不足，感覺像是在騙小孩。我只能逐字跟著教科書的內容——如今我明白這帶給我的學生是多大的損失。」[4]

我遇見柏尼絲是在 2008 年她出席我在溫哥華教育局的演講。她曾向一名同事透露她對數學的恐懼，這名同事說服她來參加這場活動。在這場演講之後，柏尼絲開始實驗 JUMP 的線上課程；最後她在自己班上採用了全套的課程。隨著柏尼絲與學生一起認真按照課程計畫進行，她對數學的焦慮感逐漸消散，她也開始第一次知道自己教的是什麼。三年之後，她對自己能力重新產生信心，申請了英屬哥倫比亞大學數學教育的碩士課程。她以優秀成績完成學業，如今她樂於指導對數學感到焦慮的同儕教師們。

我知道許多人發現——有些人很晚才發現——自己有數學的天分，而且對學習數學樂在其中。跟我合作過的數以百計以為自己「數學不好」的成年人和青少年，只有極少數人沒辦法立刻掌握我教他們的任何主題。

在第五章我會談到教導麗莎的過程，這位少女是我所

遇過學習障礙最嚴重的學生。我和麗莎第一次上課時驚訝的發現，雖然她已經六年級了，仍不會最基本的算術，也無法兩個一數數到十。不久之後，我從她的校長口中得知她在學校裡只有一年級的程度。她有「輕微智能障礙」（意思是她的智商大約在 80 左右），同時對數學有無與倫比的恐懼。在經過三年的每週定期指導之後，麗莎跟我說她想要申請九年級的數學課。我原本擔心她無法通過課程，但是讓我驚訝的是她還跳級了一年，在同一年完成十年級的數學課程。

認為數學先天上是困難科目的人們，有時會把數學的專業性和通常必須從小學習才有好表現的學習領域相提並論，像是不帶口音的說某種語言、用小提琴演奏美妙音樂、或是複雜的體操動作。按照這種觀點，一個人如果沒有很早就展現對數字的能力，那麼他們很可能──就像人們對柏尼絲說過的──沒有數學頭腦。不過從認知科學、神經學、甚至是數學的基礎研究等眾多領域都顯示，這種比喻有偏誤，學數學從來就不嫌晚。

舉個例子。如果某人在六歲前不曾學習某種語言，那麼不管他多努力模仿說母語的人的發音，他說話時還是很可能會有點口音。不過兒童發展的近期研究顯示，並沒有類似的指標可以預測數學的未來成就。事實上，對小孩子

來說，對數學後期成就最有力的預測指標是幾乎每個人都肯定會發展出來的技能和概念，不管他們一開始學數學有多困難，或者他們遲了多久才習得這些技能。這些預測指標牽涉人類經演化後，一些不需太多指導就能表現的簡單能力，包括從 1 數到 10，或把數字符號（1, 2, 3 之類）正確連結到數量（例如一排的圓點），或是數線上的位置，以及辨認出兩個數字中哪一個較大。[5]

這些研究帶出了一個令人困惑的問題。如果預測數學成就的技能就是**數數字、用數字和數量配對**這般簡單——幾乎每個人都將學會的事，那麼，人們是在四歲或是四歲半學會這些技能到底有何不同？為什麼比別人晚了六個月才學會，就有較大的風險要終身為數學所苦？這些研究暗示，成人的能力差異主要並不是因為個體間的認知能力差異，因為我們每個人終究都會學到這些預測未來成就的概念。我的看法是，差異的出現主要是因為教育制度把一個其實並不重要的延遲或困難，變成了改變命運的差異。之後我將提出心理學上的證據來說明，最可能阻礙我們在孩童時期或成年後學習數學的，是我們看待自我能力的方式（這經過我們與學校、工作場合的同儕們比較後得來）以及老師們的態度，並不是這個科目先天上的困難度。

兒童發展的新研究與一百多年前改變數學發展進程的

一連串重大發現相符合。這些重大發現最終促成了我們今日所倚重的數位電腦和通訊技術的發展。它們對數學應該如何教導也有重大的影響。在 1900 年代初期，邏輯學家證明幾乎所有的數學，包括微積分和抽象代數等較高等的分支學科，其實都可以簡化到同樣簡單的概念和程序，像是計數過程或把物件歸類到集合——這些正是數學成就的預測指標。遺憾的是，這個消息並沒有傳到大眾耳中，或許是因為數學家們不希望有人知道，數學這個被普遍視為非一般人智力所及的科目，居然可以簡化成人人都能應付的邏輯步驟。在這本書裡，我們會先觀察幾個困擾許多大人們的數學概念——像是分數的除法，實際上它們很容易解釋。我要主張，數學與其他我們在學校所學的科目不同，因為就像邏輯學家告訴我們的，這個科目本質上很簡單。

相信數學很難的人們往往也會相信腦部結構決定一個人能學多少數學。神經學家如今才剛開始嘗試描繪擅長數學的成年人和少年，他們和不擅長者的腦有什麼差異。神經學家還無法充分解釋腦的結構如何限制或提升我們的能力，不過目前為止的發現應該會給想學數學的成人們帶來希望。

擅長數學的人通常在腦的特定區域（稱為左角回〔left angular gyrus〕）處理數學，這讓他們能夠比不擅長數學

的人更有效率取得和運用數學的訊息。[6] 有意思的是，數學高手們之所以能勝過一般人，他們所運用的訊息——你猜對了——其實非常簡單。能夠啟動左角回的人們，更擅長於取得基本口訣（像是加法和乘法的基本口訣），並能解讀各種數學呈現方式（示意圖、圖表、表格）代表的意義。他們在數學的優勢在於，不用花太多精力在基本的處理流程，所以他們可以專注在理解問題所蘊含的結構。研究顯示，數學能力較差的人透過訓練，可以學會啟動專家們在算數學時所依賴的相同腦部區域。[7]

神經學的研究與相對應的認知科學研究一致，顯示出許多被我們認定是天生的能力實際上可以透過一個叫做「刻意練習」（deliberate practice）的學習方法而發展出來。這個研究已經顯示學習數學（或其他科目）的方法有效率上的差異，而我們在學校裡和工作場所裡目前所使用的教學方法往往非常無效率，因為它們會對學習者造成「認知過載」（cognitive overload），無法以有效方式吸引學習者注意教材當中的重點。舉例來說，大部分老師在介紹數學概念時，往往會舉一些非常具體且明確的例子（通常是設計一套故事讓數學顯得「很有相關性」），但是研究發現，這類呈現方式事實上妨害學生理解問題中更深層的數學結構。事實上，數學概念如果用較少的文字和

較抽象的表達方式呈現，多半較容易理解。

運用數學進行抽象思考的能力是人類最大的天賦之一。它或許也是讓我們如此相似、與他人普遍共有的一種天賦。數學，讓我們有能力創造眾多的科技，並且辨識出主宰自然的法則和模式。它同時也讓我們能看出事物在它眼花繚亂的表象的背後真相，並從較抽象的觀點看出多元龐雜底下有相通相容的面貌。如果每個人都能發展出抽象思考的天賦，我們或許也可以看出人類彼此間有比想像中還要多共同點。我們可以創造一個更平等、更有生產力的社會，用未曾體驗過數學之美和數學之力的人們難以設想的方式來改善我們的生活。

每個人都應該有權實現他們智力的潛能，一如每個人都應該有權發展他健康的身體。要保障這個權利，我們用不著等待募集一大批超級教師，或是發明出某種神奇的新科技。過去十年來，認知科學家和教育心理學家已經開始揭露我們腦部最佳學習的機制。他們已經收集證據證明，只要透過我在這本書裡所描述的教學方法，絕大多數的人們都可以表現卓越並且熱愛學習。在這個時代最大的問題之一是，我們是否會基於證據而做出行動。

第二章 數學不合理的有效性

　　想像一下，如果你到醫生那邊做例行檢查，得知自己幾乎確定罹患癌症（90% 的機率），你會如何反應？——我未曾接到過這類的診斷，不過如果有的話，我知道我的人生在轉瞬間改變。一想到如果不進行立即且有效的治療，我可能不久人世，再也見不到自己的家人和朋友，我當下憂煩的其他所有事情都變得無關緊要。

　　現在繼續想像一下，你接到診斷後過了幾天，得知醫生對你的檢驗結果犯了解讀的錯誤，其實你只有 10% 罹癌的機率，你會如何反應？在這種情況下，我很肯定會感覺自己像得到死刑的特赦令。我可能會下決心改變飲食或其他生活習慣來降低我的罹癌風險——不然，大概我會繼續過著和上一次診斷前大致相同的生活方式。

　　我編造這則關於醫療疏失後果的故事，是為了說明數字對我們生活可能帶來的重大影響。不過這個情景並非完全幻想。醫師確實會錯誤解讀癌症檢驗的結果——比你猜想的還要常見。原因不是檢測結果不可靠或不明確，而是

因為他們不知道如何計算基本的或然率。

　　你需要兩組的訊息，才能夠計算一個檢驗呈陽性的病患罹癌的機率：檢測的準確程度、以及總人口中罹患這類型癌症的百分比。任何一個特定的檢驗，你預期每個醫生都會做類似的估計，畢竟較高或較低的罹癌率將決定病患截然不同的療程。不過柏林的普朗克研究院（Max Planck Institute）適應行為與認知中心的心理學家葛爾德‧吉仁澤（Gerd Gigerenzer）發現，許多醫師無法正確判定病患在特定測驗的罹癌機率。[8] 吉仁澤詢問具有乳房攝影二十年到三十年經驗的放射科醫師（包括部門的主管在內），如果檢測準確率為 90%，受檢結果為陽性反應的女性她罹患癌症的機率是多少。令人感到有些震撼的是，他們提出的估計從 1% 到 90% 都有——但真正的機率大約是 10%。

　　為什麼醫師們有時會高估癌症檢測陽性結果與罹病風險之間的關係？想像一下，你正參加一個遊戲，參加者輪流轉動如底下圖中轉盤的指針，你希望輪到你的時候指針

©Linh Lam

　　　　　　　　　　　　　　　　數學之前人人平等

會落在灰色的區域。如果你想計算它實際出現的機率，你就必須計算所有你轉到灰色的可能方式，然後拿這個數字來比較轉盤上出現所有結果的總數。由於這裡總共有 9 塊區域，其中灰色的有 3 塊，轉到灰色的機率是 9 次中有 3 次，也就是 1/3。

現在假設你在計算轉到灰色的機率時，忘了把所有白色的區域算進去。如此一來，你在轉盤上只算到 6 塊區域（也就是三塊黑色和三塊灰色的區域），於是你歸結出轉到灰色的機率是 6 次中有 3 次，也就是 1/2（這比 1/3 的機率要更高）。雖然人們不大可能犯下這樣的錯誤，不過它和醫生對癌症檢測高估風險的情況有些類似：他們忘了把一些可能結果算進去。

假設你做的癌症檢測的準確度是 90%，一般而言每 1,000 名女性只有 10 人會罹患乳癌。假如你正好檢驗到的是這 10 個人，那麼平均來說有 9 個人會測出是陽性（因為這個檢驗有 90% 的準確度）。但是這並不代表你檢驗出陽性時你罹癌的機率是 90%。我們還沒有把所有可能的結果算進來。我們也必須考慮到在 990 個沒有罹癌的人當中有多少人會檢驗出陽性。由於檢測的準確度是 90%，代表有 10% 的情況是錯的。所以，在 990 個人當中大約有 10% 的人（也就是 99 人）並沒有罹癌，但是得到錯誤的陽性結果。這表示在每 1,000 位接受檢驗的人當

中，大約有 9 + 99 = 108 會測出癌症陽性反應，但是其中只有 9 人實際上得到癌症。因此你檢驗結果是陽性而實際罹患乳癌的機率大約只有 9/108，相當於 8.3%，也就是接近 10%。

當然，90% 和 10% 只是數字而已。不過，當它們代表癌症檢驗的兩種可能結果，不難想像數字錯誤代表的實際意涵。醫師跟他們的病患說有 90% 的機會罹癌，但實際上的可能性只接近 10%，這可能引發病患非常不必要的緊張，促使他們尋求不需要且有不良副作用的療法。

由於數字無形無狀，往往在我們無法感知的尺度上展現其巧妙的功能——從刻記在病毒 DNA 上的致命符碼到不斷創造元素的巨大恆星。我們做的每個決定幾乎都有它扮演的角色，從我們累積的債務總額（個人的和國家的），到我們選擇用什麼方法消滅某種病毒。有很多的理由告訴我們，確保社會中每個可以投票、擁有工作、開出處方、擔任陪審員、購買商品、搭建橋樑、協商合約、貸款買房、投資股票、銷售房屋、使用能源、或扶養子女的人都有基本數字觀念和一般數學常識，才是明智的做法。

數學和社會

當我們把目前教育的成果，和認知科學斷定可能得到的成果，或是像莫洛這樣的教師能創造的成果做比較，很顯然我們雖然生活在最富裕的社會，但我們仍處於智識貧窮的年代。

不難看出我們經濟的生產力還沒有完全發揮，因為有這麼多人認為自己學不會數學。企業的領導人經常抱怨他們需要技術的職務招聘不到人，或是他們公司生產力無法提升，原因出在他們找不到了解數學或是樂於學習數學的人來擔任技術性或是科學性的職務。美國的白宮科學與科技諮詢委員會最近的一份報告估計，在未來的十年內，美國產業界所需要的 STEM（科學、科技、工程、和數學）大學畢業生缺額將達到一百萬人。[9]

為數學所苦的人們，對於個人的財務、或是該投票支持什麼樣的經濟政策，都無法做出明智的決定。我從不曾聽過有人公開宣稱他看不懂菜單因為他是文盲，但是我常聽到人們（帶著些許驕傲）對朋友說，他們不會算餐廳的帳單或是計算稅金。這種基本數學能力的缺乏可能有嚴重的後果。十年前，全世界經歷經濟大衰退，這是本來可以避免的，如果人們事先能了解抵押貸款率增加百分之零點幾對他們每個月的開支會有什麼影響。增加 0.5% 聽起來似乎不大，不過如果你付的房貸率是 2%，增加 0.5% 代

表你的利率一下暴增了 25%（同時每月償款金額也增加大致相同的幅度）──這是銀行業務員在鼓吹賣房時該說明清楚的。一般人對數字的不靈光也許有助於解釋為何有大約一千萬美國人和一百萬的加拿大人在過去十年會宣布破產。[10]

許多研究都說明一個人教育品質與他生活品質存在的相關性。事實上，相較於其他領域的成就，數學對於人生有著超乎比例的影響。

在 2007 年有關美國學生從學齡前到畢業的學術成就，葛瑞格・鄧肯（Greg Duncan）和一個認知科學團隊對六個長期性研究結果進行分析。[11] 他們發現，比起其他如閱讀和專注力的技能，早期習得的數學技能對往後在學校的成功是更加明顯、有力的預測指標。在 2010 年，兩個加拿大的研究──一個在魁北克省、另一個則是全國性的──也得到同樣的結果。[12] 這些研究推斷一個人教育水平為生活品質所帶來的許多正面影響，很可能決定於他們數學的能力水平。

在 2005 年，社會學家莎曼珊・帕森絲（Samantha Parsons）與約翰・拜納（John Bynner）根據英國人口長期研究的數據來判斷數學盲（innumeracy）對三十歲男女

造成的影響。[13] 他們發現，「數學能力不佳」的人無業的比例是「具數學能力」的人的兩倍。數學能力不佳的男性，不論識字程度如何，都有憂鬱症的較高風險，可能對政治較缺乏興趣、也可能曾經被學校停學或遭警察逮捕。數學能力不佳對女性的負面影響甚至更大。不論識字程度如何，數學能力不佳的女性對政治或投票可能較不感興趣，從事半技術或非技術職務的兼職，或是無業在家的機會比較高。她們也比較可能感覺健康不佳、有自卑感、對自己的生活缺乏控制力。

拜納和帕森絲較早的一項研究也顯示，數學能力不佳的人往往「儘快且往往在未拿到畢業證書之前」就脫離全日制的教育，「隨後斷斷續續處於打零工和無業的狀態」。[14] 他們大部分的工作屬於低技術工作，薪資低廉而且沒有太多職訓或升職的機會。

數學能力對在生活諸多領域中做出明智決定至關重要。涉及到健康的決定更是如此。[15] 數學能力較差的人比較無法理解篩檢或是按時照正確劑量服藥的風險和好處，因此他們治療的效果不如數學好的人。數學甚至對心理健康有令人意外的影響。根據一項研究，憂鬱症的人透過心算來啟動他們腦部的前額葉，會發現他們在面對情緒難題

時比較易於控制想法。[16]

不難看出，懂數學可以幫我們做出明智決定——不過，懂數學也能幫我們解決問題，以及避免在一開始就製造問題，因為它提供我們需要的工具，對各種政治、環境、和經濟政策的好處和風險做出理性且有系統思考。在假新聞與偏激觀點如傳染病般在社群媒體上擴散的時刻，一般公民進行數學思考的能力益發重要。

在 2016 年 1 月 11 日的一場記者會中，美國一位知名政治人物聲稱有 9,600 萬個美國就業人口找不到工作。[17] 我一看到這個說法，就直覺不可能是真的，於是我做了簡單的心算：我知道美國大約有 3 億人口，假設在美國有 2/3（也就是大約 2 億人）的就業年齡人口。9,600 萬這個數字接近 1 億，已經是 2 億人中的 1/2。所以說，如果這位政治人物說法正確，那麼在 2016 年有大約一半在就業年齡的美國人想找工作卻找不到。換句話說，美國在 2016 年的失業率接近 50%！遺憾的是，似乎沒什麼人注意到（或是在乎）這位政治人物做了如此不合情理的聲明，也只有少數幾家媒體質疑它背後的數學。

在 1990 年代，紐澤西州的政治人物通過了一項法案，不准接受社會福利金的母親為法案生效後出生的子女申請稅務優惠。兩個月之後，統計數字顯示紐澤西州的新生兒

出生率下降，有些政治人物宣稱這是法案帶來的效應。[18]
然而，他們顯然忘了懷孕期需要九個月，所以這個法案不
可能在兩個月內就有這樣的影響。（評估這項法案效應一
個較長期的問題是有些接受社福補助的女性會不想去申報
嬰兒出生，因為這麼做對她們並沒有好處）。

如果政治人物接受過邏輯思考的訓練，他們就會知
道，當你想證明自己的主張時，除非——不帶感情的——
先考慮所有可能的反例，否則無法建構一個有效的論證。
此外，如果他們知道如何計算或然率和做基本的統計，他
們在宣稱知道原因之前就會先小心衡量一個現象的所有相
關因素。如果人們競選公職之前必須通過基本數學思考的
課程，政治辯論將變得更理性也更有成果。

當人們試著用數字來證明人類的智力或運動天分是由
我們的基因組成所決定，他們經常會犯下使用比例或百分
比的基本錯誤。

大衛申克在《別拿基因當藉口》（*The Genius in All of
Us*）這本書中提到一個有趣的例子，它曾是全球新聞媒體
流傳的一個說法，儘管它有明顯的數學錯誤。[19] 2008 年
奧運會上，牙買加的運動員震撼全美國，他們在田徑項目
拿下了十一面獎牌，其中包括六面金牌，相較之下美國的

獎牌總數是二十五面。這個結果格外令人印象深刻，因為美國的人口大約是牙買加人口的一百倍，因此美國應該要多拿好幾倍的獎牌。

全世界的運動評論員馬上開始流傳一種說法，說牙買加運動員能贏得不成比例的獎牌是因為在牙買加幾乎每個人都帶有一種特殊的基因變異（ACTN3），它調節一種蛋白質（α- 輔肌動蛋白 3）的生產，可促進肌肉更快速有力的收縮。

在美國，體內有 ACTN3 基因的人約只占全部人口的 80%，但是在牙買加則占了 98%。98% 聽起來是比 80% 大得多的數字，不過要知道，某個國家實際上有多少人帶有這種基因，就必須把攜帶這種基因的人口比例乘以這個國家的人口數。由於美國的人口大約是牙買加人口的 100 倍，我甚至不需實際計算就可以確定，美國人口乘上 80%（也就是 0.80）會比小小的牙買加人口乘上 98%（也就是 0.98）要大上許多。

事實上，如果你真的計算會發現，美國帶有 ACTN3 基因的人數要多將近一百倍，因為美國人口是牙買加的一百倍以上。所以說，如果 ACTN3 的變異基因對產生奧運田徑得牌選手扮演重要的角色，美國得到的獎牌應該是牙買加的一百倍。（真相似乎是一名牙買加傑出短跑選手

發起的全國訓練計畫，促成牙買加運動選手在賽場上的成功。）

工作上需要用到數字的醫生和政治家在內，許多人對於數字都有先知先覺般的無力感。因為有這麼多人在學校裡有學數學的困難，我們易受騙於涉及錯誤數學的論證主張。同時，我們通常不願、或是無法做簡單的計算，或是用基礎的邏輯來分析涉及數字的主張。幸運的是，要做一個新聞和社群媒體上更明智的使用者、要應對每日生活的複雜情境、或是要提升未來展望或工作表現所需的數學能力，相對而言要取得並不困難。

妲爾佳·巴爾（Darja Barr）是曼尼托巴大學教導護理系學生大一數學的數學教授。她第一手見證學生因數學能力欠缺所承受的傷害。在北美地區，每一年有成千上萬的大學院校學生因為入門程度的數學不及格或太低分，被迫離開學校或改變生涯規畫。這些經不起被退學、選擇從事低薪工作的學生，因為對數學的理解太差而必須承擔他們無力償還的債務。

每年大約有二十名原住民學生選修巴爾的課程，但是有很高比例的學生不及格或成績很差，因為他們缺乏上這門課的數學背景知識。在 2016 年，完成巴爾課程的原住民學生平均成績是 D⁺。看到這麼多熱切想成為護理人員

的學生因她的課程而夢碎，這讓巴爾覺得很難過。2017年，她利用空檔時間創辦一個星期的暑期「加強班」來幫選課的學生預習課程。她使用 JUMP 課程中關於數字感、比例、代數和分數的內容（課程在 jumpmath.org 網站可以取得）當做課程的基礎。那一年，完成她課程的原住民學生平均成績是 B⁺。

如果你考慮到缺乏數學能力對一般護理系學生可能的影響——包括被退學的人要面臨機會和夢想喪失，以及勉強過關的人在工作上犯錯誤以及職務晉升的障礙，一個星期的額外努力對更美好的未來而言只是非常小的投資。我預計，大部分護理學生如果有機會接受巴爾的課程，應該都會歡迎這個能提升他們數學技能的機會。其他學科領域的學生，同樣也能從這類的課程中受益。

在本書中，我要介紹的一套基本數學能力是一般人可以在一到二星期相對短期的「加強班」所學會的，同時它也應該成為每個成人心智工具包的一部分。這些能力包括：整數和分數的基本運算；計算和理解或然率、比率和百分比；簡單的代數運算；基本統計術語的理解；進行估算。我認為這些基本的數學能力是具生產力公民的最低標準要求。如果每個能投票、使用金錢、有工作的人都被預期具備這些能力，我們的社會應該可以會更加文明、更有

生產力也更加公平。人們在衡量數學的重要性時，還有一些數學能力很少被考慮到的深刻好處，如果我們真正理解數學思考的驚奇力量，如果我們能夠第一手體驗數學的觀點能夠提升想像力和豐富生命的眾多方式，我們將更加努力去開發每個人全部的數學潛能。

數學和心智

在西元前 300 年，希臘數學家歐幾里德制定五個公理，從這五個公理可以導出在當時所有已知的幾何公理。就和許多重要的數學觀念一樣，這些公理如此簡單，連小孩也能夠理解。不過它們也是如此強大，因此到今天的數學家、科學家和工程師仍持續找出它們所推導的眾多真理的新應用。

底下是現代公式描述的公理：

（一）直線是兩點之間最短的距離。

（二）直線可以無限延伸。

（三）從一個點可畫出任何半徑的圓。

（四）所有直角角度都相等。

（五）給定一個直線 A 和一個不在線上的點 B，只有

一條直線可以通過點 B 而不與直線 A 相交（或也就是「平行」於直線 A）。

有好幾百年的時間，數學家們苦惱於第五個公理，因為和其他公理相比，它似乎較複雜、不是那麼直觀。從歐幾里德的時代到 19 世紀，許多業餘數學家（也有一些專業的數學家）宣稱他們能用其他四個公理證明出第五公理。不過他們的證明都包含一些錯誤。

到了 1800 年代初，兩位有創意的數學家決定用不同的方式來處理第五公理。亞諾什・鮑耶（János Bolyai）和尼克萊・羅巴切夫斯基（Nikolai Lobachevsky）沒有嘗試用其他公理來證明這個公理，而是研究在不考慮第五公理的情況下會如何。他們驚訝的發現，沒有第五公理他們仍可以發展出一套完全合理且具一致性的幾何學。數學家們很快就意識到，這些幾何學描述當我們活在彎曲表面或是更高維的彎曲空間時，我們體驗世界的許多方式。舉例來說，如果你活在一個具有球面曲率的宇宙，你沿著一個看似直線的路徑行進了足夠長的時間，最終你將回到起點。如果你活在一個大型球體的表面（確實你是），你可能會認為（有些人至今仍如此認為）你住在一個平面上。如果這個球體極為巨大，你可能無法看出表面是彎曲的。不過

如果你理解彎曲空間的**數學**，你還是可以推論出如果你真的住在一個球體上，歐幾里德的第五公理在你的世界裡會是錯的。

歐幾里德的第一公理定義了一條直線是經過兩個點最短的距離。如果我們更抽象看這個公理，任何最短的距離（即使是在彎曲的表面）根據定義都算是一條「直線」。這些最短的路徑對活在 2D 平面的人來說似乎是平的，但是它們在 3D 空間上實際上是彎曲的。

在一個球體上，任何兩點之間只有一個最短的路徑——這個路徑必然是數學家稱為「大圓線」的特殊曲線。要把大圓線視覺化的一個方式是，想像把一顆網球沿通過球心的一個平面切成相等的兩半。你看到這任一個半球的圓形邊緣就是大圓線。

地球的赤道是一個大圓線，因為它把地球分成兩個相等的半球。地球表面上的任意兩個點都只有一條大圓線將它們相連。如果你想沿最短途徑從多倫多的中心點飛到雪梨的中心點，你必須經過連結這兩個點的大圓線。航空公司的路線投射到平面的地圖上看起來經常像是弧線，因為飛機機師會循著大圓線飛行以節省時間和燃料。

由於（沿著通過球心的平面）將球體切成兩半有無限多種方式，因此球體的表面上有無限多的大圓線。而且每

個大圓線都會和其他所有大圓線相交。也因此歐幾里德的第五公理在球體上是錯的。每個最短的路徑或「直線」（如果它延伸的話）都與其他所有的直線相交，因此並不存在兩條互相平行的線。

相對之下，在鞍形表面上「直線」則是拋物線，歐幾里德第五公理因另一個理由而不成立。給定任何直線 A 和任何不在線上的點 B，有不只一條直線通過 B 而不與直線 A 相交。事實上，在鞍形表面上有無限多條線會通過 B 而與 A 平行（下圖顯示在鞍形表面上的一條拋物線）。

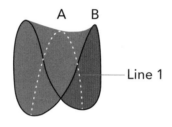

數學如此有力的理由之一是它是抽象的。過去兩百年來，在數學的所有主要進展幾乎可說是因為數學家們越來越懂得用抽象的方式來看待數字、形狀、關係等各種數學實體。平面上一條直線和地球上的赤道，乍看之下除了都是線之外，並無太多共同之處。不過從較抽象的觀點來看，它們是各自表面上最短的途徑，因此根據歐幾里德第五公理它們都可視為是直線（而且住在這兩個表面上的人

　　　　　　　　　　　　數學之前人人平等

也都會把它們看成直線）。

透過曲形空間的幾何學研究，數學家最終發展出的數學，讓愛因斯坦得以做出物質會讓空間和時間彎曲的怪異主張。還有，當天文學家在 1918 年展示恆星在日食發生時似乎會出現位移，他們不只證明了重力會讓光線在太陽旁邊出現彎曲，同時，他們也說明（關於歐幾里德第五公理是否必要）一道深奧數學問題的答案，如何用來支持科學家所曾經構想過的最革命性的理論。

促成相對論出現這類幸運巧合在數學領域一再發生。它的情節通常是這樣：一位數學家決定研究某個看似沒有太多（或根本沒有）實際應用的問題，因為他們想讓某個理論看起來更漂亮俐落，或純粹只因為他們覺得好奇。多年後，他們的發現正好是某個生物學家、化學家、物理學家或資訊科學家突破重大概念之所需。從遺傳學到量子力學，幾乎每個現代科學的分支都建立在數學家們五十年前或五百年前，根本還沒有任何人認知到這個領域之前所發現的概念。物理學家尤金·維格納（Eugene Wigner）把數學一再預測出科學和科技重大革命的這種傾向稱為「數學不合理的有效性」（unreasonable effectiveness of mathematics）。

我幾乎想不出世上有誰比工程師兼創業家伊隆·馬斯克（Elon Musk）能更清楚展示數學思維的實用力量。

藉由創辦特斯拉（Tesla）、SpaceX、和鑽探公司（The Boring Company），馬斯克創造眾多革命性的產品和技術。同時他也啟發或是迫使許多公司（特別是汽車和能源公司）加速採行對環境友善的科技和商業模式。馬斯克把自己的成功很大部分歸功於他樂於利用數學從「第一原理」（first principles）來分析問題。

鑽探公司在不久前創立，它為人熟知的程度不如馬斯克的其他公司，或是他較知名的發明如超迴路列車（hyperloop）（它在近乎真空的管道中發射通勤艙，因此幾乎沒有空氣阻力）。馬斯克創辦這家公司的靈感來自他在洛杉磯塞車時，利用數學的第一原理來分析交通阻塞的問題。

塞車問題造成每年幾 10 億美元的經濟損失，同時也讓通勤族每天有幾個小時的人生特別不愉快。不過，大城市很少會興建地底隧道來減輕塞車問題，因為挖掘隧道需要天價的成本：由必須移除的地底土石和基岩總量來決定。它的總體積量可以由隧道的長度乘以隧道的截面積計算出來，而隧道的截面積則視隧道半徑而定。馬斯克知道他不可能改變一般隧道的長度，他想看看半徑改變會發生什麼情況。

大部分人小學就學過計算圓面積的公式（等於圓周率

乘以半徑的平方，也就是 πr^2）。這個公式代表隧道截面積會隨著半徑的增加而出現指數型增加，因為面積是與半徑平方成正比。如果你試過把 1、2、3 這些數字自乘（也就是這些數字的「平方」），你就知道數字越大，平方數也會增加越快速。馬斯克估算，如果減少隧道的半徑，挖掘隧道的時間可以加快十倍。為了彌補通道變小的問題，他構想用高速發射單節的車廂。幾天之後，從馬斯克在塞車時打發時間做的基本數學運算中誕生了一家公司。或許，現在要斷定馬斯克的各個公司會多成功還言之過早——至少我並不看衰他。這些憑著數學直覺而創立的公司，光是存在就已帶來正面的影響。

藉著提供我們無比強大的心智工具，數學可以改變我們思維運作的方式。當我們學習數學時，我們學會看出模式、做出合邏輯性和有系統的思考、做出類比，並運用抽象概念看出表面差異之外的事物。我們也學會推理和演繹，找尋隱藏的前提，從第一公理證明事情，從排除各種可能情況來找出解答，發展和運用策略來解決問題，進行預估和做出大致的估算。同時我們也學會理解風險和因果關係，並掌握某個數據到底是重要、還是毫無意義。

平心而論，不懂得如何做數學式思考會讓我們較不健康、財務較不穩定、較欠缺創新、缺乏生產力、缺少好奇

心、較不聰明和較不快樂。同時它也讓我們較容易犯錯、不理智、更迷信、跟容易受人煽動。欠缺數學能力會損害我們的經濟，惡化我們的環境。無法依據每個人的潛能來教育他們還會帶來其他的損失，不過這些損失更難標價。

數學和心靈

2004 年，我受邀到倫敦市區極貧窮的社區學校教示範課程。我看到孩子們下課在玩耍的時候，遊戲場上不斷有打鬥出現。沒有參與打架的孩子們則圍著要挑釁的孩子。有幾個孩子因為受傷而必須從遊戲場帶開，遊戲場的導護人員對孩子們間的打鬥束手無策。

我受邀去教學校裡「行為班」的數學課。他們被判定是難教導甚至暴力的學生，我告訴班上這些十一、二歲的孩子，當我在他們的年紀時也覺得自己不聰明，數學也學不好。我告訴他們，如果有不懂的地方可以要我停下來，讓我重新解釋一遍。如果他們有哪裡不懂，那是我的錯，不是他們的錯。接下來我教他們二進位代碼，就是電腦裡代表數字的一連串 0 和 1。學生們似乎把自己當成小小密碼破解專家，要我出一些越來越長的代碼。我表演了讀心

術的把戲，他們看出這個把戲和代碼之間的關係，也開始想站到講台前表演這個把戲。到了我上課的第三天，當班上的老師和我一進入教室時，孩子開始歡呼。

會把數學和社會正義連結在一起的人並不多。不過，數學是改變弱勢孩童對自我看法的理想工具。我沒辦法教導一班小學六年級的學生讀一個故事或一篇散文，而讓他們每個人在一堂課裡有同樣程度的理解。不過我有辦法在一堂課裡，讓整班學生進行大致上相同程度的數學課，因為數學可以拆解成很小的步驟（或概念的線索），而且每增加一個步驟的挑戰性都可能產生很大的興奮感。

弱勢學生從數學的成功所獲得的自信，對他們生活的其他領域有鼓勵的作用。當孩子們知道他們有能力學數學，他們會開始認為自己可以學會任何事，因為數學照理來說很難。在倫敦的一個實驗班裡，JUMP 課程大大提升原本學習困難學生數學及格的比率，一名老師說，有行為問題的學生十分投入功課，甚至還會譴責在數學課搗蛋的其他學生。另一個老師提到，她的學生們變成「有膽識、能獨力解題的人」。在保加利亞的實驗課，有觀摩者提到學生在使用 JUMP 教材的班級裡變得較開心、更投入，也更加愛合作。代課老師即使沒上數學課也可以看出這個班級是否使用這些學習策略，因為學生們表現得更加投

入、具好奇心，而且更能互相幫助。

　　我在許多班級教過二進位代碼，不過我最難忘的一次教學經驗是在溫哥華一個五年級的班上。課程上到一半，當學生們進行我寫在黑板上的問題時，我注意到有個害羞的男孩，他似乎比實際年齡還要瘦小，伏在書桌上快速在紙上填寫他的運算結果。我瞥看一眼他的紙頁，發現他寫的是 1 到 15 的數字，並把它們轉換成二進位代碼。

　　如圖所示，把二進位代碼轉為一般的數字相對而言比較容易，但是要把數字轉為二進位代碼則稍微難一點。我已經教了學生如何把二進位代碼化成數字，但是這個男孩已經想出如何把數字反推為二進位代碼。當我準備把方法教給班上學生時，我拿起他寫的那張紙給班上同學看。我要學生們想看看，如何跟這個男孩一樣「破解密碼」。

　　在課程結束後老師告訴我，她原本很緊張，直到最後一刻才決定讓這個男孩上課。這個孩子很不幸生下來就有心臟的問題。他的情況嚴重，甚至被預期可能無法活太久。數學一直讓他很困擾，而且遇到困難時會變得非常焦慮和容易氣餒。為了他的健康著想，老師必須小心避免造成男孩不必要的壓力，她擔心上我的課可能會讓他焦慮症發作。

　　後來老師寄了一些電子郵件告訴我這個男孩進步的情

二進位代碼怎麼寫

人有十根手指，所以我們的數字系統用十的次方為基礎。對人而言，1101這個數字代表的是一個一千、一個一百、零個十、一個一。

在電腦裡電線基本上只有兩種狀態：通電或者不通電——因此電腦可以有效的用兩個符號來運作。也因為如此，電腦使用的數字系統只有兩個數字（0和1），而它們的位值是2的次方。對電腦而言，1101代表了一個八、一個四、零個二、一個一。

圖中所有出現1的位置上方的2的次方數字加起來，就是這個二進位代碼代表的數字。由於八、四、一的底下各出現一個1（而8 + 4 + 1 = 13），因此二進位代碼1101代表的是13。同樣道理，代碼1010代表了一個八和一個二，也就是10。

況。上我的課讓他「長高了十呎」，而且當他下午放學回到家後，自己製作了二進位代碼筆記本，在上面寫滿他的計算結果。最後他請求父母幫他請個家教，協助他趕上進度，因為他已經決定要成為一個數學家。這年他在家教課和學校的數學課都有驚人的進步，他過生日時，還堅持從派對趕回家，因為他不想錯過他的數學課。

我還記得這個班級的許多其他學生，因為他們在課堂上充滿了興奮氣氛。有個女孩想到她可以把燈泡排成一排當成「電腦」（每個燈泡代表一個二進位的位數），把正確順序的燈泡點亮來代表特定的數字。有幾位學生從我用來表演讀心術的圖表中發現一些有趣的模式（甚至我自己都沒發現）。還有個男孩寫了一封很不尋常的信給我，我看到信上的日期還困惑了一下，懷疑是不是沒人教過他該如何正確寫日期。接著我了解到它是用二進位代碼寫成的。信的內容如下：

11111011000，一月，11010 日，星期三

親愛的約翰：

感謝你在一月 11010 日到我們班上教我們二進位代碼。我很喜歡學習如何解讀二進位數字。我本來以為要轉換像 2008 這麼大的數字應該很困難，但是你讓它變得如此容易，我用你的方式教我一年級的弟弟威爾之後，他現在簡直像部電腦！

他現在已經算到五百億之類的！

他以前數學並不好，不過他上星期已經能記住 11×11 的乘法表。有沒有供三年級使用的 JUMP 數學

課程？我想他已經差不多到這個程度了。

　　先致上我的感謝。

亞斯培敬上

　　在信紙的背後，亞斯培寫滿了一整排 2 的次方（1，2，4，8，16 ...），它們是二進位代碼的基礎。在這一排數字最底下是 4,394,967,246，旁邊寫著「威爾最後一個 2 的次方」，而在 33,554,432 旁邊他則是寫著「有趣的數字」。顯然威爾或者是他哥哥也發現了 3 的次方直到 43,046,721 的序列，因為紙上也寫了這一排的數字。我沒有認真想過，我還不大清楚為什麼 33,554,432 是個有趣的數字。不過孩子們總是能發覺一些我沒注意的事。

　　相信自己數學能力的孩子可以享受做數學，就和他們享受創作藝術或是運動比賽一樣。他們樂於克服挑戰，並且驚喜於發現或理解美麗、有用、或新奇的事情。他們會開心花幾個鐘頭去解答問題、看出模式、找到關聯性。不過許多小孩在他們長大成人之前就喪失好奇心和驚奇感，這純粹是因為社會整體而言，我們對自己的這類期待太少。

　　如果孩子們看不出肉眼可見的世界裡的任何美——像是皚皚白雪的山峰或是滿天燦爛星斗，我們可能會開始擔

心他們撫養或教育方式是否出了問題。不過,在肉眼看不見的世界裡,還存在自然律則的美,存在於每個細胞和每個星辰中優雅形式和對稱的美,它們只能透過數學來理解和欣賞。當人們無法發展他們的能力來查看這樣的世界,我們不該同樣開始擔心嗎?

在各種點子的世界裡從來不會出現匱乏。當某個人理解了某個觀念,它並不會被消耗或使用掉,而且當一個人學的越多,並不代表另一個人就學得越少。不過我們既有的教育制度裡的一切,似乎都是把真正的知識設計成具稀少性的東西——最深刻的觀念只有極少數人才能擁有。學生們如果幸運的話,他們在中學畢業時可能會相信他們具有一兩種天分,大部分學校裡的科目不是無趣就是非其能力所及。在十二年的時間內就把這麼多道大門永久關閉起來,相對來說也太快了。

著名環境專家和《寂靜的春天》作者瑞秋・卡森(Rachel Carson)寫道:「觀照大地之美的人將找尋到力量的儲備,只要生命延續這些力量也會永存。」[20] 鼓吹美國成立第一座國家公園的約翰・穆爾(John Muir),則認為自然可以提供我們「幸福的無盡資源」。如果人們被教導觀看世界各個層面的美,能夠運用心智和感官來體會

造物的神奇，那麼他們或許可以擷取到比卡森或謬爾所提到更加深刻的力量和幸福泉源。同時他們也能夠理解到這個世界如何相互關聯，以及個人選擇的微小效應會多麼快速的累積。如此一來，他們會有更精巧的風險意識並對保護環境有更好的準備。他們甚至可能受到鼓舞，為他們生命中自然世界不致枯竭、永遠令人滿意的美——包括只能透過數學看到的部分——創造更多的空間。

任何能夠思考的人都能發現隱藏的世界之美。要得到我們珍貴資源的份額，並不需要相互競爭或搶奪。如果大人能夠從一般人學習數學時常會感受到的恐懼和困惑的迷霧背後，清晰的看出這種美，他們應該也希望每個孩子都能看到。他們不會讓孩子們失去學習的熱情，或是因為智識的貧乏而發展出有缺陷、具破壞性的思考方式。為了回復我們運用智識和感官清晰觀看世界的能力，我們必須開始檢視一些關於能力和智力的迷思，這些迷思曾阻礙包括我在內的許多人理解他們在數學和科學學科上的全部潛能。

第三章 因為你的答案是對的

　　1960 年代，我在成長的階段，父母買了一套「時代－生活」雜誌（Time-Life）的叢書，它們激發我對科學的興趣。這些書充滿美麗的圖片和發人深省的想法，涵蓋的主題像是行星、海洋和動物界。我最喜歡的其中一本叫《心靈》（*The Mind*）。在書中我發現有一幅十七位在各自領域有重大貢獻的天才們的圖畫，畫家在每個肖像上面用非常華麗字體註明了他們的姓名和智商。

　　我在童年時期會反覆看這張畫，仔細研究每個天才的智商，就像其他孩子會研究棒球的統計數字一樣。每個人都有一個數字，告訴你關於他智識能力的一切，這個想法令我著迷。因為這些 IQ 分數的圖畫在一本科學的書裡出現，所以我認定它們一定很準確，歌德一定是比伽利略更重要的思想家，因為他的分數足足多了二十五分。

　　我讀了其他關於大腦的書籍，包括在我姊書架上找到的一本孩童天賦的書（她當時在大學讀心理學）。書的內容我沒有完全懂，不過它傳遞的兩個事實非常清楚：智商

天生遺傳自你的父母，而且它絕不會改變。這代表我這輩子都得和我生下來就有的心智能力共存：任何的努力都不會增減我的智商一分。小時候的我老是幻想著要發明或發現某個新東西，就跟《心靈》裡的天才們一樣。因此一想到我的智力出生就決定了，而且它可能太低所以我沒辦法做任何創新或有趣的事，簡直就像喀爾文教派認為不論你如何努力都不能保證天堂有你的位置的觀點一樣：被挑選者都是預先定好的，其他人注定要受永遠的折磨，不論他們多麼努力想拯救自己。

過去幾十年來科學家們發現，有許多心智和行為上的特質是在學校和在人生中成功的關鍵，這些特質並不是透過智商測驗來衡量：包括創造力、堅持不懈和不會過早自滿的能力、與他人協調合作的能力、透過嘗試錯誤來找出問題解答的意願，以及接受證據和事實的指引，仔細依循邏輯和理性的基本原則（而不是抱持偏見或一廂情願）與外在世界互動的意願。在第六章的「成功心理學」我會提出各種策略，來幫助成人們發展更有生產力的心智習慣，和幫助老師們協助學生成為更有耐心也更有效率的數學學習者。

科學家們也開始提供證據證明「流動智力」（我們用來解決新問題的智力）具可塑性，可以透過訓練而改

進。舉例來說，幾年前心理學家艾莉森・麥奇（Allyson Mackey）和席薇亞・邦吉（Silvia Bunge）要求一群七歲到十歲的孩子玩極需仰賴理解力的桌遊（像是「尖峰時刻」，遊戲的人必須設想如何在遵守道路規則的情況下擺脫塞車）。連續八週、每週兩天、每天玩這個遊戲一小時之後，這些孩子們理解力測驗的分數提高超過 30%，智商分數也平均增加了 10 分。[21] 在 1990 年代，心理學家詹姆斯・弗林（James Flynn）發現在過去 50 年來智商的分數持續在提高，在大部分國家每十年平均大約會增加三分，其中成長最明顯的是在流動智力的部分。心理學家們對這個「弗林效應」提出許多種解釋——包括整體人口較高的教育程度、以及更多認知需求的工作職務。不過不論原因為何，這個現象都說明人們可以更嫻熟於智力測驗所衡量的技能。

1997 年，JUMP 還只是我家公寓的家教班的時候，我有機會參與電影《心靈捕手》（Good Will Hunting）的演出。電影的室內場景是在多倫多大學拍攝，而電影的編劇麥特・戴蒙和班・艾佛列克請求數學系提供一位顧問來檢查劇本裡有關數學的部分。由於其中一位製作人溝通上的小失誤，我最後沒有擔任數學顧問，而是我的物理教授派屈克・歐唐納（Patrick O'Donnell）接了這個工作。不

過，導演要我扮演研究生湯姆，他是主角威爾‧杭汀忌妒的角色。我很喜歡和藝術家們一起工作，他們每個人都很慷慨大方也很會鼓勵人。不過幾天拍攝下來，我開始覺得這部電影裡過度強調威爾這樣的天才是與生俱來的，而不是靠後天的努力，這讓我有些感覺不自在。我徵詢編劇和導演能否讓我在電影裡加幾句台詞，提供一點關於天分的不同觀點。他們理解我的顧慮，也很寬宏大量讓我的角色湯姆說了底下這段台詞：「大部分人從沒有機會知道自己能夠有多聰明。他們沒有找到相信他們的老師。他們誤以為是自己太笨。」

讓人們檢驗對自己心智能力看法，其中有個辦法是讓他們知道，數學如果被適當教導會變得多麼簡單。數學是改變人們心態特別有效的工具，因為大部分的人仍然相信數學是先天本質上困難的科目。他們討論數學的方式往往就像過去心理學家討論智商一樣。比如說，他們會認定數學的表現是一個人在智識能力上極強有力的指標，同時也認定有的人就和威爾‧杭汀一樣天生有數學能力，而有些人天生就是沒有。我遇過許多父母親跟我說他們對孩子的數學沒有抱太高期望，因為他們自己也沒有遺傳到數學的好能力。

專家心靈

　　認為孩子必須天生有能力、或是在童年就發展出能力，才能夠在西洋棋、數學、或物理這類智能活動中表現傑出的這種觀念已經深植人心。這種觀念最極端的形式是認定心智能力由我們的基因先天內建在腦中，只有具有正確類型基因的人才有辦法發展。幸好這種對於遺傳學過度簡化的看法在上個世紀末已經逐漸退流行，科學家們已經發現，基因是由另一套分子系統（附著在我們的DNA上）所控制，而且這個「表觀遺傳」（epigenetic）系統可以讓基因表現出來、或是維持休眠狀態，它們極度受一個人的生活條件——也就是他們的「環境」——的影響。如大衛·申克在《別拿基因當藉口》的書中說：

> 　　全身兩萬兩千個基因，不像是已完成的藍圖，比較像音量的旋鈕和開關。想像你體內的每個細胞裡有個大型控制板。
>
> 　　許多旋鈕和開關可在同時間——因為另一個基因或是某種微小的環境衝擊——被轉大聲／轉小聲／開啟／關閉。這種開關和旋鈕持續運作中。從小孩孕生那一刻開始，直

到他嚥下最後一口氣前都不會停止。它並不是一套要求某個特徵必須如何表現的內建固定指示，這種基因與環境之間互動的過程，推動每個獨特個體之所以獨一無二的發展途徑。[22]

　　科學家也發現，大腦的結構並不像他們過去想的一樣完全由孩童時期決定，同時，成人的腦在回應新的經驗和學習時，也不斷創造個別神經元以及神經元網絡之間新的連結。艾蓮諾・麥奎爾（Eleanor Maguire）在 2000 年發表的著名研究中發現，在龐大而且出了名複雜的倫敦街道之間穿梭討生活的計程車司機，比起走固定路線的公車司機，他們腦部的海馬迴（負責處理空間資訊的部分）有更高度的發展。[23] 此後，包括音樂、運動和醫學等許多領域的研究也顯示，當腦部的一個區域透過練習不斷被啟動，即人們開發現技能或學習新知識的時候，大腦的結構就有可能出現巨大的變化。[24]

　　在 1990 年代初期，心理學家安德斯・艾瑞克森（Anders Ericsson）展開一系列的研究，對人們如何發展一些非凡能力的方式提出新的洞見。在一項研究裡，他對柏林藝術大學一群高階的小提琴學生進行詳細的訪問，試圖從他們過去的學習歷程中找出他們具備音樂能力的原

因。他收集他們的老師、所上課程的數量、開始演奏的年齡、參加音樂比賽的次數、個人獨奏相對於團體合奏所花的時數、以及他們聆聽音樂或是研究樂理的時間等數據。艾瑞克森把這些數據拿來和教授對這些學生評比的名次相比較，驚訝的發現，卓越的小提琴家和還不錯的小提琴家之間的差異只有：大部分才華洋溢的演奏者明顯花了更多的時間在練習。此後的許多其他研究也確認，不管在任何領域，最富才華的人必然是比他們同儕投入更多時間練習的人。

艾瑞克森和其他心理學家也發現，某些領域（如西洋棋、音樂演奏、運動競技）在過去幾世紀以來，專業教師和參加者已經發展出練習的方法，它們比這些領域非專業的人的練習方法在提升表現上有效許多。舉例來說，要提升西洋棋的棋藝，不知道如何有效訓練的人通常會一次又一次下完整盤棋。但是心理學家發現，棋手採取比較漸進而聚焦的練習方式進步會比較快：這可能包括殘局的練習，或只用少部分棋子重複練習直到能看出最好的棋步，或是深度分析某個布局，研究大師級棋手的走法，默記有效的棋步和有利的布局。在第五章，我會討論一些時下流行的教育觀念，這些觀念讓教師們發展和提倡一些缺乏效率的練習方法，讓學數學看起來變得困難許多。

心理學家杜維克已經說明人的「思維模式」在學習成

就上的重要角色。[25] 有些人有「固態」思維，他們相信自己必須「夠聰明」或者有與生俱來的能力，才能在某個科目上表現優異。有些人則有「成長」思維；他們相信成功要靠自己有意願去努力和堅持不懈。杜維克展示有成長思維的學生在學校表現較佳，因為他們有更具生產力的思維習慣。固態思維的學生們如果學習某件事物遇到困難，往往會逃避努力而且容易放棄。他們的心態上認為如果你必須努力，就代表你沒有那樣的天分。杜維克同時也表示，如果老師讚美學生努力認真，而不是說他們聰明有天分，學生的表現會更好。杜維克在看過 JUMP 課程的一段影片之後說：「JUMP 數學課程裡隱含許多成長思維的原則⋯⋯ 孩子們在興奮的步調中前進，內容感覺起來困難但是對他們並不太難⋯⋯他們都會感覺到進步，而且也都會覺得『我可以做得很好。』」

在杜維克所觀看的課程影片裡 [26]，我提供學生們一連串他們最後總能克服的挑戰，因為他們完成所需要的技能和觀念都已蘊含在這些挑戰之中。這個課程不再強化只有特殊天分的一小群學生能夠做數學的這種概念，它向每個學生展示了，只要努力不放棄，他們就有辦法完成任務。

20 年前，當我開始計劃在我的公寓裡開辦免費的家教課程，我還不確定要這些老師們教哪些科目。我自己已

教過許多科目——閱讀、寫作、哲學、批判性思考、數學和科學，我也明白不管提供哪一個科目的幫助，都可以給弱勢的學生們帶來益處。不過最後我還是選擇了數學，因為它被認為是很困難的科目，同時我也知道它教起來實際上非常容易。

杜維克觀看的課程裡，班上所有內城的六年級學生在課程結束前都能夠解答關於周長的相同問題。不過這一課剛開始狀況不少，我要學生們畫一個和黑板上相同的 L 型圖案（如下圖）並寫下 L 型的各個邊長。

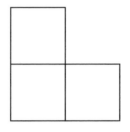

我請老師們預測學生可能忽略標注那個邊長，許多老師猜學生們最可能漏掉的是角落的邊。這也確實是我剛上課前幾分鐘發生的情況。我檢查學生的情況，驚訝的發現有 1/5 的學生在角落的邊上只寫了一個 1（他們應該記下兩個 1，因為角落上有兩個邊）。

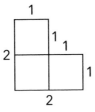
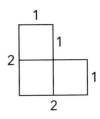

正確的標示　　　　　　　　不正確的標示

　　我必須花一點時間幫這些學生改正錯誤，而其他人則
進行一些加分題。不過很快的，所有學生都能找出更複雜
形狀的周長。他們同時能夠解決一些涉及增加圖形的邊、
讓圖形面積增加但是周長維持不變甚至減少的問題。

　　課程的後段我請學生們以周長為 12，畫出盡可能多
的長方形（邊長為整數）。我驚訝地看到有學生畫了一邊
長為 1，另一邊的寬是 11 的長方形。

　　很顯然，這些學生不清楚周長如何圍成一個形狀——
他們不了解如果較長的邊是 11 單位，就會把周長全用光
了。我必須給他們一點時間畫出各種邊長，直到他們明
白如果長度是 1，寬度就只能是 5（不然周長就會超過

12）。隨後我可以給他們出一些更複雜的問題，給定一個形狀的周長，讓他們計算未標示的各邊長度。在課程結束時，所有學生都在運算相同的問題。

如果我教的是不同的科目，特別是需要閱讀技能或廣泛背景知識的科目，就算我已經和學生上過許多堂課後，要讓他們做相同的功課還是可能會遇到一些麻煩。不過在數學課，通常在一兩堂課之後我就可以讓所有學生一起進行相同的教材。通常我只需要複習幾個小技巧或概念，或是糾正一兩個錯誤觀念，就可以讓所有人一起進行課程。

我在這本書中討論的教學方法對任何科目都非常適用，不過數學是這些方法能帶來最立即且深刻效果的科目，我在第四、第五、第六章會進一步闡述它的理由。沒有其他科目像數學一樣，可以這麼快就能消除學生間的程度差異，或是這麼容易就建構有生產力的思維模式。我們不該把數學當成是只有少數聰明人可以學習的科目，而是要把數學當做創造更公平社會的一個強大教育工具。

為什麼要「顛倒再相乘」

在第一章，我描述各個不同領域的一些研究——包括

邏輯、認知科學和早期兒童發展，支持我對於數學先天上是簡單科目的看法，認為高等數學的思考其實建立在非常基本的認知功能上。法國神經學家瑪麗·亞瑪力克（Marie Amalric）和史坦尼斯拉斯·德安（Stanislas Dehaene）最近一項突破性的創新研究，提供更多的證據來支持這項說法。[27]

亞瑪力克和德安要求一組數學家和非數學家回答一系列複雜的數學和非數學問題，同時間他們用功能性磁共振成像（fMRI）來追蹤受試者腦的活躍部分。當受試者思考非數學問題時，掃描顯示他們使用的都是腦部一般用來進行語言處理和語意的部分，但是當數學家思考數學問題時，有點讓人驚訝的是，掃描顯示他們腦部活躍的部分和幼兒思考數學是相同的神經網絡。根據這些結果，研究人員推論高等數學的複雜機制是建立在我們與其他許多靈長類共有的、對於數字和空間的簡單直覺上。根據阿瑪力克的說法，這個結果顯示「高等數學的思考，循環利用我們在演化上非常久遠的、與數字和空間知識相關的腦部區域。」[28]

有如此多領域的證據認為數學應該人人都可學會，卻有這麼多人為數學所苦。要了解原因何在，我們必須仔細檢視讓老師們難以培育學生完整潛能的系統性原因。直到

最近，在北美洲使用的數學課程和教材仍只有極少數經過科學研究嚴格檢視，因此教師們和父母們往往受惑於看似先進有吸引力、實則缺乏有力實務證據的教學方法。

舉例而言，當父母、老師或教育主管幫學生選擇教學資料時，他們會設法找到他們認定是學生感興趣、容易投入的教材。不過他們的選擇很少有嚴謹研究的佐證。2013 年，俄亥俄州立大學的心理學家珍妮佛・卡明斯基（Jennifer Kaminski）和弗拉德米爾・史洛茨基（Vladimir Sloutsky）使用兩種不同的圖表來教導小學生判讀長條圖：一種加上了鞋子和花朵圖案，另一種則是比較抽象的長條圖型。（見下頁圖）

研究人員詢問老師們會使用哪一種圖表來教學生。大多數人選擇有圖案的長條圖，因為它們比較有吸引力、有問題中代表的物件。不過，研究顯示，學生們用單一灰色調長條圖的學習結果較好。使用長條圖的學生比較能夠理解圖的尺度變化所反映的物件數量的倍數增加；使用圖片來教導的學生往往會因為計算物件數量分心，而沒有注意尺度上的變化。[29] 在第四章至第六章，我會提供其他流行的教學法實際上阻礙學習的例子（通常它們是同時間提供太多新的資訊以致腦子過載）。

老師們經常因為考試分數不佳、課程教案沒有效率和學生遭退學而被責備，不過依我看來，這些問題最終不應

無關訊息

A

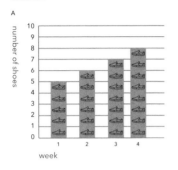

不含無關訊息

B

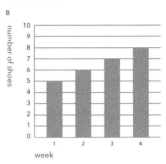

C

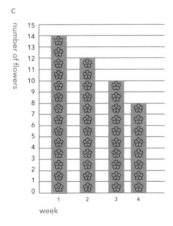

D

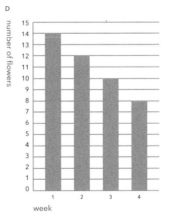

該怪罪他們。事實上，我認為教師們應該為他們盡其所能協助學生而得到讚揚，特別是他們被要求使用的教材和方法中，有許多是被認知科學家認定為沒效率的。我發現當教師們接觸到認知科學的研究（這在他們的專業訓練中很少會碰到），有機會改進他們的工作時，他們多半會把握機會。

許多的老師，特別是小學階段的老師，會承認自己對數學並沒有深刻的理解，也不喜歡教這個科目（特別是像分數或代數這類單元）。我在卡加利市教師年會的主題演講裡，詢問現場七百位教師，為什麼當你用 7 除以 2/3，你會把它上下顛倒再相乘（也就是說，為什麼 7 除以 2/3 和 7 乘以 3／2 是同樣意思）。

$$7 \div \frac{2}{3} = 7 \times \frac{3}{2}$$

台下有人大喊：「因為答案是對的。」

過去十年來，我問過數以百計的老師們，為什麼當遇到分數的除法時，你可以把分數顛倒再相乘。只有少數人能給我簡單的解釋。絕大部分人會承認他們學會把這個程序當成規則而從沒去理解過。如果他們確實知道一個解釋，這個解釋往往非常複雜，牽涉到乘以分數中除法敘述的兩個項。遺憾的是，這個解釋不過是用一個謎團代替了

另一個謎團，因為大部分老師也不知道如何解釋分數的乘法。

由於很少人知道遇到分數的除法時為什麼要「先顛倒再相乘」，我通常會拿這個主題開場，來說服人們相信數學並沒有他們想的那麼難。我鼓勵你也能跟我一起，想想為什麼這個規則成立。

如果你身為大人想要重新學習數學，很有用的一個方法是，回到你最初開始遇到困難或覺得困惑的地方。對許多人來說，可能這代表的是回到小學三年級，因為在每個除法的敘述裡都有模糊不清的地方，許多老師都不曾注意或是向學生解釋清楚。讓我考考你，把6個東西除以2（6÷2），你如何處理這6個東西？

有些人是這樣分配的：

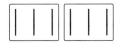

不過，遺憾的是，對三年級的小朋友來說，這並不是唯一的作法。有些人六個東西可能是這樣分的：

兩個答案都正確。（6 ÷ 2）這個除法敘述有點模稜兩可。

在第一種情況裡，2 在圖中的指的是什麼？

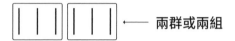

在第二種情況裡，2 指的是什麼？

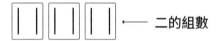

想要知道在除法敘述（6 ÷ 2）中 2 的意思，需要一個背景脈絡；你需要知道給你除的數字是組數還是每組的數量。不管你使用的是什麼模式，這種模稜兩可都不會消失。比如說，假設你有一片含六塊的巧克力。（6 ÷ 2）代表的意思是什麼？它可能意味著把六塊巧克力分成兩組。

或者它也可以代表把這六塊巧克力分成兩塊一組。

重述一次：你可以把除數（在這裡是 2）解釋成你要把 6 分成幾組，或是要把 6 分成多大多小。

現在來想想這個除法敘述：

$$6 \div \frac{1}{2}$$

我發現對年幼的學生而言，這個陳述用「群組的大小」比起用「群組的數量」的解釋更容易理解。（讓學生了解把 6 個東西分成「半組」恐怕需要一些工夫）。

使用「大小」的解釋，（6 ÷ 1 / 2）這個陳述的意思是：把 6 分成每組大小是半片的組數。要了解這一點，一開始如果使用模型並且說明清楚單位（你必須知道單位「1」在模型裡是什麼樣子）會有一些幫助。我們可以使用數線來代表一片共有六塊的巧克力。

如果你想把第一塊巧克力分成一半的小塊，我會得到多少塊？希望你看得出來答案是 2。

現在把其他巧克力也用同樣方式分開，我總共會得到多少個半塊的小片？你可以看出來，答案是 12。

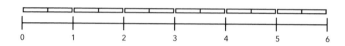

所以：

$$6 \div \frac{1}{2} = 12$$

現在，假設我用 6 除以 1/3（6 ÷ 1 / 3），我可以把第一塊巧克力分成多少個 1/3 的小片？（3）

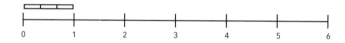

一整塊巧克力共有多少 1/3 大小的小片？（18）

我在教小學生的時候，通常會說：「你現在遇上大麻煩了。如果我給你一個甚至畫不出來的問題：6 ÷ 1 / 100 ？」學生們會對這類的挑戰感到興奮，特別是當他們一起上課時，這是在同學面前表現的好機會。這種興奮情緒有助於集中專注力，讓他們能輕鬆的看出答案。

每片巧克力有100片 $\frac{1}{100}$ 大小的小片，

所以 $6 \div \frac{1}{100} = 600$

現在我要問，你們看出模式了嗎？

$$6 \div \frac{1}{2} = 12$$

$$6 \div \frac{1}{3} = 18$$

$$6 \div \frac{1}{100} = 600$$

在每個例子裡，你如何運算找出答案？你把被除數（6）乘上分數的分母（2、3、100）。（分母告訴你的是你想要把每個小片的巧克力分割成多少片。）

現在我希望你可以看出為什麼當你想用分數（它的分子是一）來除一個整數時，你會把分母翻上來相乘。如果你想要知道當分子不是 1 的時候，為什麼你要上下顛倒再相乘，你可以參考 YouTube 的這段影片：JUMP Math: Dividing by a fraction: how does flip and multiply work?

當大人們透過一連串蘇格拉底式的提問和漸進式的挑戰，看出學會一件在學校裡曾讓他們困惑的問題有多簡單之後，他們會覺得自己變聰明一點了。不過，他們可能還是無法相信自己可以做更高階的數學。他們會認為數學有著看不見的深處，只有與眾不同的大腦才有辦法去探測。他們尤其不願相信，他們竟然有可能發展出解答問題的天分。

　　許多大人們對以下這個基本的問題感到為難：「某個人是站在隊伍中的第 2,152 個人，另一個人是隊伍中的第 1,238 人。他們之間站了幾個人？」

　　大部分人用減法求解答，不過如果你問他們如何知道自己的答案正確，他們往往答不上來。我知道這種算法的答案是錯的，但是並不是因為我天生有能力可以看出來。身為一個數學家，我知道解答問題的基本策略。如果我能把問題簡化並解出答案，我絕不會直接硬碰硬處理困難而複雜的題目。

　　在這例子裡，我會畫出來、或是想像五個人排成一直線，來測試兩個人位置序號的數字相減是否就是兩人中間的人數。如果一個人排在第四，另一個人排在第二，那麼位置序號相減得到的是 2，但是很顯然兩人中間只有一個人，減法總是會讓答案多出 1。受過解答問題基本訓練的

學生很快就能體驗到，在解決複雜且看似困難的問題時自豪湧現的心情。在下一章我會更進一步探討解答數學問題最有效率的策略，並且展示採用這些策略和訓練人們使用這些策略是多麼容易。

有些數學的領域需要特殊技能（像是把二度空間和三度空間圖形視覺化和轉換的能力），這些技能直到晚近仍被認為是天生的。不過在 2013 年，烏塔爾（D. H. Uttal）對 20 年來空間訓練的研究做的統合分析揭示，各個年齡層的人們都可以透過廣泛類型的活動提升空間理解的能力。[30] 這些活動包括拼圖、電子遊戲（像是俄羅斯方塊）、排積木以及與藝術和設計相關的活動。更近期的其他研究也證實，兒童和大人透過可簡單取得的遊戲發展出在腦中構想和掌控空間圖像的能力。

我在這裡介紹的問題解答策略，可在廣泛的領域中運用。我為這本書進行研究時曾經遇到底下的問題：想像把一張紙如下頁圖上方的指示一樣摺三次，再截去其中一角。把紙攤開之後，它應該是什麼樣子（圖 A、B、C、或 D）？

為解決這個問題，我首先嘗試的策略，如我前面提過，是先解決較簡單的問題。我想像把紙摺一次，然後嘗試去設想各種截角的方式在紙攤開後會是什麼樣子。這相

對而言比較簡單，不過很遺憾的，我解開問題之前還得再摺兩次。

接下來，我想起另一個策略，那就是從答案或是最後結果倒推回去。這個策略可以用來解決各種各樣的問題。

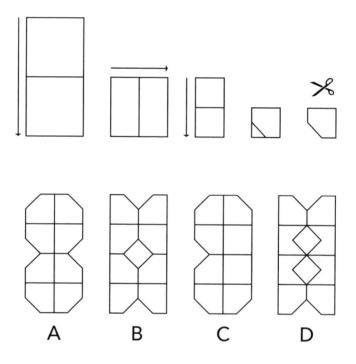

A   B   C   D

我並沒有試圖理解從頭到尾摺紙的順序，而是去觀察最後的圖形（上面有一把剪刀的圖）。我發現我可以想像它攤開的樣子並倒推出剪刀剪出的形狀。

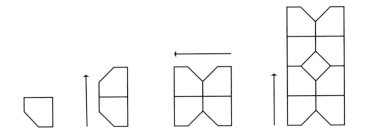

　　我的創作和我的數學研究仰賴的眾多技巧和策略，這只是其中一個例子，它也得到一些腦部研究的支持。透過使用這些方法，如今的我比起受學業所苦的少年時代更容易學習新材料和創造新想法，儘管年輕時的我記憶力和專注力比較好。

　　當我三十幾歲回到學校攻讀數學時，我擁有比其他入學第一年的學生明顯的優勢。我已經擔任家教五年的時間，因此我對中學的教材有深刻的理解。同時我也做了很多努力讓自己對大學的課程可以搶先一步。在第一個學期，我每次考試都穩定拿到高分，但是到了第二學期我在群論（代數的一門分支）測驗卻慘敗。我還記得我接到自己成績時幾乎一整天臥床不起，我覺得自己能力已經到了極限，我必須放棄當個數學家的夢想。就是在這個時候我決定把從閱讀普拉絲的書信集所得的心得，應用到數學的學習上。我開始根據較小、可掌控的步驟逐步熟練觀念，

並反覆練習和復習教過的內容，直到完全學會那些難倒我的測驗題目。在我完成大學部的課程時，我對群論已經有充分的理解，可以把這個曾難倒我的課程教給別人。

讓孩童相信自己具有數學能力相對比較容易：在一、兩堂課程之內，我多半可以建立起他們的信心，讓他們願意努力去學習。不過要說服大人做這樣的努力則比較困難。因為我們的學校經驗以及我們對於智力階層根深蒂固的想法，我們的恐懼和不安會讓我們輕易就放棄，並認定每一道困難都是我們的聰明才智難以突破的天花板。這也是讓成人了解他們的腦如何運作是如此重要的原因，這可以讓他們發展出有生產力的思考習慣，並且能區分讓學習更容易的教學法與導致認知過載、讓數學和其他科目顯得困難無比的教學法之間的差別。

創出第一套智力測驗的阿弗列德・比奈（Alfred Binet）曾經寫道：「有些人認定一個人的智力是無法再增加的固定量。對於這種粗暴的悲觀論我們應該表示抗議並做出回應。」[31] 在一百年之後，我們在幾乎未察覺的情況下，仍繼續受害於這種粗暴悲觀論的影響。我花了許多年才明白，我在智識和藝術上的潛能並不是根據我的智商高低，或是我在學校成績及格與否所決定。不過大部分的兒童，即使是在家長經濟最優渥的學校裡，對於他們未來

的學習也未必能發展出較樂觀的態度。要根除智識上的貧困，我們必須超越人們在藝術和科學的天賦和偏好有天壤之別的這種想法。同時，為了阻止進一步強化這種想法，我們應該揚棄讓我們腦力不堪負荷，導致大部分學生在早年就對能力喪失信心的教學法。

在下一章，我將示範一個我成為「結構式探究」（structured inquiry）的教學法，[32] 它是適用於數學的一種刻意練習。我將展示，即使是對自己能力缺乏信心的人，透過這個方法也能夠學會解答看似非常具挑戰性的問題——包括在數學奧林匹亞數學競賽裡出現的問題。

第四章 策略、結構與耐力

　　我認定自己絕對當不成音樂家，大概是從在幼兒園的那一天起，老師一邊彈著立型鋼琴一邊要我們繞著圓圈行進。有時她會中途要我們停下來，問我們她按的琴鍵是什麼音。我還記得自己答錯後滿懷屈辱，哭著跑回家。事後看來，我大可不需感到尷尬。一萬個人當中只有一人能發展出在樂器演奏時辨識出它是哪個音符的能力。這種能力就是所謂的「絕對音感」。

　　直到最近，心理學家仍相信除非天賦異稟，人們不可能發展出絕對音感。不過在 2014 年，日本心理學家榊原彩子設計一個知名的實驗對這個觀念提出挑戰。在幾個月的時間裡，榊原彩子訓練二十四位年齡在兩歲到六歲之間的孩童辨識在鋼琴上不同的和弦。如安德斯·艾瑞克森在《刻意練習》（*Peak*）所解釋：

　　這些和弦都是三個音組成的主和弦，例如中央 C 和緊接其上的 E 和 G 構成的升 C 大和弦。小孩子們每天給

予四或五次短暫的訓練課程，每次只持續幾分鐘，每個孩子會持續訓練，直到他或她能分辨榊原所選定的所有十四個和弦。有些孩子在一年之內就完成訓練，其他有些則花了一年半的時間。之後，一旦孩子學會分辨這十四個和弦之後，榊原會進行測驗看他或她能否正確說出個別的音符。在完成訓練之後，這項研究中的每個孩子都發展出絕對音感，可以辨識在鋼琴上彈奏的個別音符。[33]

這項實驗的結果是劃時代的，不只是因為絕對音感是如此罕有且驚人的天賦（被認定只有像莫札特這類音樂天才才有），同時也因為在榊原彩子的實驗之前，幾乎所有人都認定這種天分若非天生具備，就不可能擁有。這項實驗也激發下一個問題：其他還有哪些非凡的心智或體能天賦——包括不尋常而被視為是與生俱來的天賦，可以透過像榊原彩子設計的這類訓練課程而被開發出來？

艾瑞克森對高天分的個人所做研究建立了一套專業的科學，根據他的說法，人們通常要透過全心致力的練習，才能發展出非比尋常的能力。不過艾瑞克森的研究也顯示，某些形式的練習要比其他練習更能創造這些能力。

其中一種艾瑞克森稱為「有目的性的」（purposeful）練習，一個人設定清楚的目標並花很多時間，進行難度逐

漸增加的一些步驟，把自己推離原本的舒適圈。做這種有目的性的練習通常會看到技能的提升，但是他們的進步可能出乎偶然或是進步有限，因為沒有人來引導他們。

艾瑞克森認為最有效的練習，是結合反饋的、有目的性練習。在某些領域裡，像榊原彩子這類的教師和參與者發展出非常有效率的練習法。當人們接受專業教練進行有目的性的練習時──通常這會出現在運動競技、西洋棋、和音樂表演──他們使用的練習被艾瑞克森稱之為「刻意」（deliberate）練習。艾瑞克森在《刻意練習》這本書中所勾勒的刻意練習的方法（例如把練習分割成可掌控的單位、持續提供反饋、漸進的提升難度）和 JUMP 課程成功運用的教學法相符。這些方法適用於任何人在任何的人生階段。

根據艾瑞克森的說法，刻意練習對訓練的領域之外，不見得能提升人們思考、表現、或解決問題的能力。能夠擊中時速九十英里快速球的專業打擊者，並不一定比一般人有更好的反射反應；能夠同時和十幾個人下盲棋的西洋棋大師級棋手，記憶棋盤上任意排放棋子位置的能力不見得能勝過一般人。專家們在他們的領域表現卓越，並不是因為他們在心智或體能的廣泛能力都優於非專業者，他們卓越勝出的原因是透過刻意練習，他們能夠發展出在專業領域上較佳的心智「圖像」。

當西洋棋大師在一場棋賽裡看到棋子的布局（而非隨意放置），他們能看到非專業者所不能看到的模式。他們可以感受不同棋位的強弱，也不需要窮盡所有可能棋步移動就能看出結果。他們的長期記憶裡保有無數相關布局的「小片段」，可以毫不費力完整回憶起這些小片段，因為各個片段的內容已經以有意義的方式連結在一起。從無數的事實、規則、圖像、關係之中他們建構心智的圖像，讓他們能比非專業者看出更深層的模式和結構。有些西洋棋手甚至會說他們看出棋盤上的「力線」（lines of force）引導他們的棋步。同樣的，職業棒球選手可以在投手出手那一刻就看出球路的模式——要是他們反應時間再慢一點，絕對揮不到球。

我認為，可以設計一套數學課程，讓各年齡的學習者投入與西洋棋、音樂和運動這類競爭激烈的領域一樣的刻意練習。為了支持這種主張，我將說明老師們如何有系統的訓練學生解答一些在數學競賽裡出現的問題。在數學競賽裡表現優異的學生是極少數，就和有絕對音感的人一樣很少見。他們多半在學校的數學成績優異，往往也會繼續努力而成為數學家或科學家。同樣的，學生們用來解答競賽裡數學問題的策略和方法，恰恰也是我在我的數學研究中所使用的。因此，如果能夠訓練人們解答出現在數學競賽裡的問題，那麼自然也可以訓練他們做任何的數學問

題。如果心理學家和認知科學家能夠證明，人們可以透過訓練獨力解決這類的問題，它將有助於停止把數學能力和絕對音感一樣當成是與生俱來的觀念。

結構式探究

在教育方面，我心目中的英雄是一位同樣也研究創作的認知科學家。丹尼爾·威靈漢（Daniel Willingham）在寫作方面的訓練從他的談話和文章中展現無遺。極少有認知科學家有他這樣的才華，能把學習和教學的研究轉譯成教育的實用內容。過去 20 年來，他透過提升教學的觀念和技巧，孜孜不倦的打破兒童學習和教師培力的一些迷思。

威靈漢在《學生為什麼不喜歡上學？》（*Why Don't Students Like School?*）一書中，對大腦提出清楚的主張：「與普遍認知的觀念相反，腦並不是設計用來思考的。它是設計來省得你必須去思考，因為腦實際上對思考並不是很在行。」[34]

根據威靈漢的說法，思考是「緩慢、費力且不可靠的」。也因此腦最重要的功能通常不包含思考：它們抑或是在無意識中進行（例如我們運用感官感知事物），或是依賴存在長期記憶力的技能，不需要費太多心力就可運作

（像是我們憑藉多年經驗開車）。要不是我們的腦經過演化能自動做這麼多事，人類早就無法存活。

從數學不難找到例子來支持威靈漢的主張。電腦可以比人類更快速也更準確的進行運算，也能看出數據中我們所看不到的趨勢和模式。從過去歷史來看，即使是最基礎的數學概念，人們也是發現得很遲緩。一般的古羅馬人進行兩位數相乘是有困難的，因為羅馬數字系統並沒有代表零的值或是符號，羅馬的記帳員或收稅官在好幾個世紀之間為了維繫帝國的運作，想必進行過數以百萬的計算，但是卻沒有一個人想到在運算中使用零做為占位的符號的好處。甚至在帝國崩解之後，在義大利某些地區的人仍被禁止使用零的符號，因為它是波斯數學家所發明的「異教徒的數字」。

人們不是非常善於思考的一個理由是，他們在各個領域裡遭遇問題時，往往缺少所需的知識或技能來看出問題的結構。在某個特定領域裡的新手通常只會看問題的表面細節，因此他們難於認知問題裡各種元素的關係，或是去理解哪些關係不重要、哪些則是關鍵。這可能需要好幾年的研究和練習才能讓他們看出這些問題更深層的結構。威靈漢在他的書中引述一個經典實驗來說明這個概念：

物理學的新手（只上過一門課的大學部學生）與物理學專家（研究生和教授）同樣拿到二十四個物理學問題，並被要求將它們分類。新手根據問題裡的物件來分類：牽涉到彈簧的問題分為一類，用到斜面的問題又分為一類。相對之下，專家根據解答問題的重要物理原則來分類。舉例來說，依據能量守恆定律的所有問題會被分在一起，不管他們牽涉的是彈簧或是斜面。[35]

威靈漢說，雖然人類不是很善於思考，在適當的條件下我們還是很喜歡思考。當我們有合理的信心認為我們會體驗到成功克服心智挑戰的滿足感時，我們就會樂於解決問題和學習新事物。

威靈漢的觀點帶給教育者一個不易解決的兩難問題。一方面，當人們相信自己努力會有回報時會喜歡思考。另一方面，人們並不是天生善於思考，而且在不適當的認知條件下難以進行有生產力的思考。除此之外，如果在同一個時間必須吸收太多的新資訊或是運用太多的新技能，我們的腦很容易負荷過載。而且，它可能需要很多年的研究和練習，才能在未經協助之下，發展出專業所需看出許多領域裡的深層結構。這也是人們往往避免去思考的原因。正如威靈漢所說：「人們喜歡解決問題，但是不想做解決

不了的問題。如果學校的功課對一個學生而言總是太難，應該毫無疑問他不會太喜歡學校。」[36]

結構式探究的方法設計是為了解決這個兩難。它在接受引導與獨立思考之間、在問題對學習者太困難或太容易之間取得平衡，讓大腦能做有生產力的思考。在結構式探問的課程中，學生們可以享受思考的過程，因為老師並不會強制灌輸他們答案，或是剝奪他們自己去探索並形成自己想法的機會。但是老師同時也提供學生很多的指引、搭造支架、立即反饋以及練習，因為他們知道，要學生的腦像專家的腦一般運作未免太天真。為了說明這個方法，我首先會從一個概念深刻而且有許多應用、但是卻很少被完整理解或熟習的主題開始。接下來，我會討論這個方法如何運用在更有挑戰性的競賽級問題。

在北美地區，學生們大約在小學四到六年級之間學習多位數除以個位數的除法。在某些州，學生最早在四年級的時候會在全州的考試中遇到四位數除以個位數的除法。在我的訓練課程裡，許多小學老師跟我說他們只有少數的學生能用這種計算過程（或稱為「演算法」）做長除法，而能了解這個過程的道理的學生甚至更少。我發現我底下所描述的方法讓學生有效進行演算的同時，能夠讓他們發現演算法的步驟並理解背後的概念。

我通常在教這堂課之前都會先和學生簡單複習除法的概念。我讓他們知道除法的陳述有些語意模糊（如我在第二章所解釋），你必須知道背景脈絡才能了解這個陳述的意義。我告訴學生當他們進行長除法時，從他們熟悉的背景脈絡或除法模式開始會有幫助。我在黑板上寫下3/72，並且告訴學生為了這堂課的目的，他們可以把這個註記方法解釋成：三個朋友想要盡可能平分七角二分（72分錢）。（請注意：我們雖然不使用 1 分錢，不過我的課程裡仍使用一分錢或是更抽象的、圓圈上面寫著 1 的「1分錢銅板」來幫助學生理解金錢和位值。）

　　一旦學生們熟悉我在課堂中想使用的除法模式，我會請他們畫圖來說明他們如何和朋友們平分這些錢。如果學生用一個圓圈代表一個朋友，用一個 X 代表一個 1 角錢，它的圖應該會像這樣。

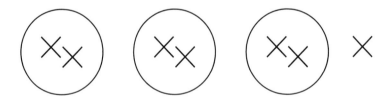

　　為了確認學生完全理解問題，我要學生們告訴我他們的圖畫的意義：每個朋友得到兩個 1 角錢，還剩一個 1角錢。

　　　　　　　　　　　　　數學之前人人平等

我接著告訴學生，如果他們看到一個大人進行長除法的前幾個步驟，他們會看到的是像這樣。

$$
\begin{array}{r}
2 \\
3\overline{)72} \\
-6 \\
\hline
1
\end{array}
$$

　　我告訴學生，大人們在進行「長除法」時也許不理解自己為何這麼做，我要學生們想一想，在演算法這些步驟所代表的意思，要他們辨識出每個數字在他們的圖畫裡的意義。學生們很快可以從他們的圖和演算法之間找到底下的關聯。

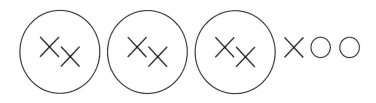

2	⋯⋯⋯ **每個朋友得到兩個1角錢**
$3\overline{)72}$	
-6	⋯⋯⋯ **分配出去六個1角錢**
1	⋯⋯⋯ **還剩下一個1角錢**

　　我要學生完成他們的圖，讓我知道還需要平分給朋友的還有多少錢。假如學生們用圓圈來代表 1 分錢，他們的圖看起來會像這樣。

我邀請三個學生到前面來，好讓我說明如何把剩餘的銅幣分給三個朋友。我給了兩個學生各一個 1 分錢，給另一個人 1 角錢。學生們每次都會抗議我的分法不公平。他們告訴我他們會把 1 角的銅板兌換成十個 1 分錢銅板，再平分這 12 分錢給三個朋友。我讓學生了解把 10（一角錢）化為 1（一分錢）這個「重組」（regrouping）的過程，實際上是長除法的一個步驟。大部分的大人們把它稱為「往下帶」的步驟，但卻很少人理解它。

$$\begin{array}{r} 2 \\ 3\overline{)72} \\ -6 \\ \hline 12 \end{array}$$ ⋯⋯⋯⋯⋯ 往下帶2

　　「往下帶」個位數（1 分錢）這一行的數字，隱含的意義是把十位數（1 角錢）這一行化成較小的單位（1 分錢）。再結合所有的較小單位（把 12 分錢合在一起）。

　　我接下來要學生們告訴我，在他們圖中他們如何分配剩餘的 1 分錢（十二個）給朋友們，我也要他們把圖中的數字和演算法的其餘步驟連結起來：

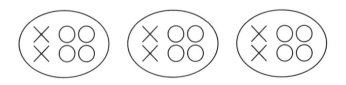

　　　　　　　　　　　　　　　數學之前人人平等

```
     24  ·············· 每個朋友得到四個1分錢（總共24分錢）
  3 ) 72
    −6
   ─────
    12
    12  ·············· 總共分出十二個1分錢
   ─────
     0  ·············· 沒有剩餘的1分錢
```

　　在課程中每個步驟之後，我在黑板上寫下幾個題目好讓學生練習這些步驟。我在教室裡來回走動，看是否有學生需要協助理解問題，或是需要更多時間來練習。由於學生們對功課通常會非常投入（他們喜歡自己想出問題的答案，而不是讓人告訴他們答案），而且因為這些步驟簡單而且合理，正常而言只有少數學生需要幫助。同樣的，如果學生們熟練前面的步驟，他們有當下步驟所需的先驗知識，因此我可以很快解決他們的問題再進行下一個步驟。先完成功課的學生可以安排「加分題」（這一課在概念上小轉換的功課），我將在第六章進一步解釋。

　　在學校裡學到的（或未學到的）每一個數學程序，都可如我對除法所描繪的一樣，簡化成步驟或分解成概念的線索。這甚至同樣適用你在中學遇到的高等代數程序。同

樣的，有能力的老師可以像上述長除法的例子一樣，創造一系列蘇格拉底式的探問、練習、活動和遊戲，讓學生設想出這些程序的所有步驟為什麼有效。也因為如此，許多學生未能精熟和理解在學校或在職場訓練中應該學會的數學程序，實在是很可惜的事。

有些老師不願意把課程拆解成可處理的小區塊，或是把高程度的概念分拆為容易理解的線索，原因在於他們認為這是「背誦」的教法。「背誦」（rote）指的是要學生們盲目遵照規則和過程，不去理解這個規則和過程為何有效的一種教學方式。我希望從長除法的課程能讓大家清楚了解，結構式探問並不是死背硬記。事實上，研究顯示，學生按照設計良好、逐漸增加難度的順序去探索和發現概念，比起使用那些同時間介紹太多新概念以致頭腦不堪負荷，又沒有足夠時間練習並鞏固新技能和概念的課程來說，更能夠發展出對數學深度的理解。

有些老師不喜歡我描述的教學方法，因為他們認為學生們應該在數學課上辛苦搏鬥以學會堅持到底的耐性。不過，如威靈漢所指出，沒有人喜歡太過辛苦。杜維克在看過 JUMP 課程關於周長的單元之後也有類似看法：她說這個課程納入成長思維的原則，因為練習的進度在學生們看來有點難，但是實際上卻不是太難。當然，不同的學生

需要不同程度的挑戰：在第六章我會討論給這個議題帶來新觀念的學習動機研究。

儘管我相信老師們應該學習有系統的導引學生的學習，但我並不是鼓吹他們只能用這個教法。JUMP 課程包括了不像長除法那般有結構的練習、遊戲和活動。同時每個 JUMP 課程結尾都有一組「延伸」問題，它們比課程所涵蓋的問題難度更高一些。此外，我建議老師們在學生發展出信心並且具備創造力思考的知識之後，可以省略一些步驟並提供學生更有挑戰性、或是開放式結論的問題。我的教學目標始終是幫助學生成為不需要依賴老師、具有創意和獨立的思考者。不過，如果老師們不知道如何把複雜的概念拆解成簡單的概念線索，他們就不大可能幫助所有學生達成高度的成就。

我發現結構式探究的方法對成人特別有效，他們接受這種方法教導往往比孩童學習得更快。當大人們認定學習某種東西很重要，他們會比孩童更加專注，也更有決心。他們同時也有較多實際的知識、有更多生活經驗、與基本數學也有較多（正式或非正式的）的接觸。正因如此，巴爾有辦法在一個星期的加強班教給她的護理系學生這麼多的單元。下定決心的成人甚至無需教師的協助就可以自學數學，就像柏尼絲透過 JUMP 線上課程裡的教學教材自

學一樣。

我對成人學習者的說法，似乎違反一般人認知中小孩子因為腦的可塑性較強，幾乎學什麼都比大人快。神經科學家艾美・巴斯蒂安（Amy Bastian）在她〈孩子的腦不一樣〉（"Children's Brains Are Different"）的文章指出，我們在討論兒童頭腦的可塑性時，我們對何謂強化的學習能力的定義應該更謹慎小心。

孩童是超級學習者意思，指的是他們可以比成人學得更加精通──例如他們學習第二語言的流利程度可以和母語人士相當。不過這不代表他們在語言學習的各個面向都比較好。事實上，小孩子學習第二語言要比成人來得慢。同樣的，較小的孩童學習新動作似乎速度也比大人慢。這個領域的一些研究已經顯示，這種運動技能學習的速率從孩童時期逐漸提升（也就是速度加快）一直到大約十二歲才和成人相近。[37]

巴斯蒂安問，既然孩童學會個別運動技能不如成人那麼快，為什麼他們似乎能很快學會某些複雜的運動技能組合（例如像滑雪或是操縱電玩搖桿）。她對這明顯的弔詭提出兩種解釋。首先，小孩子比起大人對動作有較高的可

變性——他們的動作還沒有定型同時也較樂於實驗和扭曲他們的四肢與手指成不習慣的姿勢。相較之下，大人「可能較不樂於探索不同的動作，也因此往往固定於非最佳的運動模式」。更重要的是：

孩童可能較樂於透過大量練習來學會運動技能。比如說，當嬰孩學走路時，他們在一小時的練習中會踩上 2,400 步、跌倒 17 次。這是很大量的活動；這代表著嬰孩每小時走了 7.7 個美式足球長的長度。[38]

有趣的是，要注意兒童在學習滑雪或是電動玩具時可能有的優勢，或許是在於他們的心智習慣而非運動技能。孩童們看似比成人更快學會數學，可能也是類似因素的作用。就如同孩童比成人在肢體運動上有更高的可變性，他們在心智上同樣也較有好奇心，比成人更可能提問具原創性的問題——如這位困惑不解的家長在推特上發的貼文：

我的五歲兒子剛剛問：「要是我們在 DVD 播放器上頭放一片火雞肉，結果它播出了一部關於火雞的一生的電影會怎樣？」這是我讀過所有的育兒書都沒準備到的問題。[39]

除了更具好奇心之外，兒童也比成人更樂於重複，而且如果問題逐步增加難度（就像電玩遊戲一樣），他們會開心的一連練習幾個小時的數學。不過，如果大人們能重新喚起孩提時代的好奇心並樂意投入定期的練習，他們也能輕鬆學會數學。

我維持自己驚奇感的方式是閱讀科普書籍——像是詹姆斯‧格雷克（James Gleick）的《混沌：開創新科學》和《信息簡史》，或是布萊恩‧葛林（Brian Greene）的《宇宙的構造：量子糾纏》。讀越多的科學書籍，就讓我更有動機去學習數學——如此我才能更加完整理解這些書裡頭所揭露的奧祕。同時，我從數學上學到更多，我也會更樂於做數學。就像艾瑞克森在《刻意練習》所見，人們透過練習對某件事變得更加拿手，到頭來這種精通某事的滿足感本身就是一種獎勵。[40]

不過，各種年齡的學習者都必須從適當的程度開始學習，並且得準備好要有耐性。物理學家喬安‧費曼（Joan Feyman）成長於 1930 年代，當時她母親告訴她不該學物理，因為那不是適合女性的職業。幸運的是，她的哥哥理查有不同的意見，他給喬安一本天文學的書籍，並且建議她用下述的方法學習教材。他說，從頭開始讀，直到你完全看不懂為止，然後再重頭開始讀起。他跟喬安保證，這

數學之前人人平等

樣你會每次多進步一點。

　　雖然喬安在成為物理學家的過程中經歷許多性別歧視，她仍在地球物理學和天文物理學上提出重要的發現，美國航太總署（NASA）頒發傑出成就獎章以表彰她的貢獻。在 1950 年代，當她的哥哥參加在她住家附近的一場會議時，她終於有機會回報哥哥在年輕時對她的幫忙。當時，哥哥理查‧費曼已經被視為是 20 世紀最偉大的物理學家之一。不過在會議的一場演說中，有兩位年輕科學家提出原子理論劃時代的研究論文時，他一時之間突然喪失信心。他回憶當時的情況：

　　我把論文帶回家並跟她說：「我看不懂李政道和楊振寧說的東西。實在是太複雜了。」

　　「不對，」她說：「你真正的意思並不是你不理解它，而是說你沒能發現它。你沒能根據他們所提的線索把它想出來。你現在該做的，是想像自己是個學生，把這論文拿到樓上去，逐行閱讀它的內容，檢查它的方程式。那麼你就可以很容易理解它。」

　　我接受了她的建議，並把論文從頭到尾檢查了一遍，發現它非常淺顯易懂。我本來覺得它太困難才會害怕去讀它。[41]

連理查‧費曼如此地位的科學家也有懷疑自己能力的時刻，這實在令我感到寬慰。而且，即使在最巔峰的階段，他有時候也需要用和學生相同的方法來學習他的科目。有趣的是，理查‧費曼的智商只有 123，而喬安‧費曼是 124（她總是拿自己比哥哥聰明來開玩笑）。他們的智商分數優異，但是還沒有到天才的程度。這是智力測驗未必能預測學術成就或是衡量一個人心智完整潛力的又一明證。根據社會學家亞當‧葛蘭特（Adam Grant）的說法：「心理學家研究歷史上最傑出、最有影響力的人們發現，其中有許多在孩童時並沒有不尋常的天賦。此外，如果你集合一大群天才兒童並追蹤他們的一生，你會發現，他們未必會比類似家庭環境但不像他們一樣早熟的同儕更有成就。」[42]

解決問題的藝術與科學

大部分國中生在解答底下的代數問題會遇到麻煩。我挑選的這類型問題經常出現在數學奧林匹克這類競賽。在加法中，每個字母代表 1 到 9 之間某個特定的數字；如

果某個字母代表特定的數字，那麼其他字母就不能代表這
個數字。要解答這個問題，你需要判定每個字母各自代表
哪個數字。但是字母的數值並不是由你隨意派定——你用
數字取代字母之後，整個加法必須成立。

$$HOST$$
$$+\ HOST$$
$$\overline{THEME}$$

我在七年級或八年級的時候，覺得這類問題很困難。
（你往下閱讀之前，可以試試看對你而言是否困難。）先
想想現在為什麼我會覺得這個問題容易，也許有助於了解
該如何訓練人們解答這類題目。

由於我是受過訓練的數學家，我的腦已經發展了多種
能力和思維習慣讓我來解答出現在中學數學競賽裡的題
目。如果我能再回到十三歲，同時保有我的專業的話，我
的同儕和老師們毫無疑問會認為我是個數學天才。這是因
為有三種特質讓我的腦與未受過任何訓練的腦不一樣。首
先，我的腦如今能夠運用多種這些年來我學過的策略，它
們對解答問題非常有效。其次，我對數學和數學結構的了
解也比青少年該學會的要高出更多。同時，我對我的能力

已經發展出相當程度的信心，能激勵我，使我比一般的十三歲孩子更能耐住性子。在我的研究工作裡，我仍愉快進行一個四年來始終找不到解答的研究問題。

要說明這三個特質（策略、結構、耐性）在解題時的作用，以下我會重新走一遍我的步驟。這也有助大家了解一個數學家的「心智圖像」如何運作。

我做研究是最常用的策略之一是尋找模式、或找出違反模式之處。在研究字母的問題時，我馬上注意到的最底下一行字母除了 T 之外，上面都有兩個字母。在底下最左方的字母 T 就像受傷的大拇指一樣突出來，因此我會先想一想它可能代表哪個數字。

除了運用策略之外，我也常依賴我對各種數學運算（例如加法和乘法）或實體（例如質數或是幾何圖形）的結構知識來排除一些不可能的答案。由於我理解加法的結構，我一看到 T 馬上就知道它應該是什麼數字。如果你把兩個個位數相加，你能夠「重組」，也就是進位到下一位數的最大數字就是 1。譬如說，9 加上 9 的和是 18，所以你只能夠進 1。就算你數字後面是一長串的 9 結果還是一樣，如下圖所示。

$$
\begin{array}{r}
1 \\
9 \\
+\ 9 \\
\hline
1\ 8
\end{array}
\qquad
\begin{array}{r}
1 \\
9\ 9 \\
+\ 9\ 9 \\
\hline
1\ 9\ 8
\end{array}
\qquad
\begin{array}{r}
1\ \ 1 \\
9\ 9\ 9 \\
+\ 9\ 9\ 9 \\
\hline
1\ 9\ 9\ 8
\end{array}
$$

　　　　　　　　　　　　　　　數學之前人人平等

於是我立刻知道問題裡的 T 一定是 1。現在我可以推論出 E 是 2，因為我（憑多年的訓練）剛好知道 1 加 1 等於 2！

```
    H O S 1

+   H O S 1
_____

  1 H 2 M 2
```

接下來，我運用我對加法和偶數特性的知識來排除一些可能性。一個數和它自身相加，結果必然是偶數。而當你把一個偶數加 1，結果必然是奇數。所以我現在可以推論 S 不可能大於 4。不然的話當我把 S 加上 S 我必然得把 1 帶進下一位數。如此一來，我把這個 1 再加上 O 加 O 的和將得到一個奇數。但是這樣的可能性已經被排除了，因為在 O 底下的數字是 2。奇數的尾數不可能是 2。

現在，我可以知道 O 的值。如上面解釋過的，我知道 S 這個位數並沒有帶 1 進到 O 這個位數。要知道 O，我只需要找出一個自身相加後尾數是 2 個位數。因為 T 已經是 1，所以 O 不可能是 1。這只剩下一種可能：O 一定是 6。

```
      1
    H 6 S 1

+   H 6 S 1
_____

  1 H 2 M 2
```

我解答問題另一個經常使用的策略是「先猜後驗」（guessing and checking）。我用這個策略的目的並不是想靠胡亂猜測矇中答案。我想做有憑有據的猜測，它有時會讓我帶出答案，或讓我對問題的規則和限制更加理解。

　　我已經知道 H 加 H 必然大於 9，因為我需要它進 1 才能得出 T。這表示 H 必然大於 4。所以我需要猜測和檢驗的只有幾個數字（5、7、8、9）。由於我對自己的能力有信心並且已經培養出很好的耐性，在解出答案前我絕對不放棄。於是我先猜後驗直到找出唯一可能的數字，結果是 9。

```
        1
      9 6 S 1
  +   9 6 S 1
  ─────────────
    1 9 2 M 2
```

　　我也可以用先猜後驗和排除法找出 S 的值。回想一下，S 小於 5。它不可能是 1 或 2，因為這些數字已經被用掉了。S 也不可能是 3，因為 3 加 3 是 6，而 6 也被用過了。因此 S 一定是 4，而 M 一定是 8。

```
        1
      9 6 4 1
  +   9 6 4 1
  ─────────────
    1 9 2 8 2
```

　　　　　　　　　　　　　　　　　　數學之前人人平等

如果你來解答這個問題，你可能有不同的解法，或許你的解法還更好。因為我學數學曾經受過挫折，總是還有些陰影，怕有人會指出我對特定問題的解法不夠漂亮、沒效率或者是有錯誤。我得要不斷提醒自己，雖然有時我會犯錯，有時沒看出問題的最佳解法，但是在數學方面我還是可以做一些有原創性的研究。

　　我在處理這道問題的過程中，希望你可以看出我各種策略持續的交互運用（包括找尋模式、運用邏輯排除可能性、以及猜想和檢驗），它們來自於我對結構的認識以及我的耐性。策略和結構知識是可以學習的。同時，如我在第六章會解釋到的，行為科學的新研究顯示耐性，也就是對一項工作持續不懈而且全神投入的能力，也是可學習的。

　　下西洋棋時，進行刻意練習最有效的一個方式是解答棋局問題。這類問題像是迷你版的對弈棋賽，棋盤上只有幾個棋子，所以只需要測試有限的步數就可以找出解答。這裡是個簡單棋局問題的例子。

　　要解答這個題目，棋手必須把下一手棋縮小到幾個可能的最佳下法。對每個下法，棋手在腦中檢查並設想接下來的情況。這相當於設定一連串的條件述句：「如果我做這個，則可能會出現那個。」舉例來說，在圖中的這個

問題，黑方的棋手可能會想：「如果我把我的國王移到A6，那麼白方的國王還是可以退到B8。」在真正的棋賽裡，連鎖的條件述句可能很快就變得極端複雜：「如果我移動我的士兵到國王旁邊，主教可以把它吃掉。如果主教吃了我的士兵，那麼我的騎士可以吃掉主教。如果我的騎士吃掉主教，那麼我對手的國王就必須往左斜角退一步，因為我移動騎士已經讓他的國王暴露在我的皇后面前，國王沒有其他步數可走...」

下西洋棋時在腦中構想單一的步數很容易。不過棋手們需要有一套系統來檢查每個可能的下法，才不致於錯失任何的可能性。他們也需要思考每個情況的可能發展。一個複雜的問題可能會有非常多的可能情況。棋力強的棋手

　　數學之前人人平等

知道如何看出模式，並運用他們對有利或不利位置的知識來排除一些可能。藉由練習，他們開始能不費腦力看出有哪些情況需要好好研究，哪些情況則不需考慮。如果他們不能發展出這種能力，一場棋局裡出現的眾多可能性很快就會讓他們無力招架。

如果你看過我解答字母問題的過程，你會知道它就類似於西洋棋手解決棋局問題的過程。比如說，為了找出某個字母的數值，我有時會把問題拆成幾種可能情況。我設定一個條件述句然後仔細分析這個述句的可能意義。我想要找出 O 的數值時，我會想「如果 S 大於 4，那麼在 O 這個位數我必須進 1。但這麼一來 O 底下的數字會變成奇數」。

我分析每個情況時，腦中不時採取各種捷徑。我不假思索就知道一個數字自身相加再加上 1 就會得到一個奇數。所以我不需要檢查所有個位數相加的和就知道，在 O 的位數進 1 會讓底下出現奇數。同樣的，一看到問題我就可以大大縮小答案的範圍，因為我看出 T 一定是 1 而 E 一定是 2。如果我隨意猜想這些字母代表什麼數字，我恐怕要檢查數以千計的可能性才能找到合於條件的數字組合。

幫助人們學習西洋棋的書籍包含許多如上圖的棋局問題。這些棋步的問題搭建很理想的支架：通常一開始只有三到四個棋子，最後會增加更多的棋子成為更複雜的布局。藉由解答這些問題，學棋的學生們逐步且有系統的發展他們解決各種棋局問題所需的心智圖像。

　　幾年前，JUMP 課程的作家們和我開始撰寫一系列與西洋棋書籍相對應的數學解答課程。在這裡我無法很深入呈現這些課程，不過大家可以上網取得。我這裡要勾勒解答方法的幾個階段，它最終可以讓學生們照我前面的解說來解答字母問題。

　　底下的例子是我如何讓年紀較小的學生知道一個字母或符號可以代表一個未知數。我請學生們閉上眼睛，然後我把裝了兩塊積木的紙袋放在桌子上。紙袋旁邊我又放了三塊積木，然後在另一張桌子上放五塊積木。我請學生張開眼睛之後，我告訴他們每個桌上的積木數量都相同，問他們紙袋裡有幾個積木。我同時也鼓勵他們解釋自己的答案。有些學生會說他們的答案是用 5 減 3 得到 2，因為他們知道放紙袋的桌子上有五個積木，而他們看到袋子外面有三個積木。有些則是從三開始數數，看要數幾次才會數到五。

　　我用不同數量的積木來重複這種練習。最後我出的題

目是在兩三個袋子裡放了同樣數量的積木。比如說，在一個桌子上我可能放了三個積木和兩個袋子，每個袋子裡有兩塊積木，而另一個桌上我則放了七塊積木。

學生們弄懂這個遊戲之後，我告訴他們，我要畫圖來說明問題，用一個方塊來代表一個袋子、用圓圈代表積木（因為這些形狀比較容易畫）。我在黑板上畫了底下的圖，並請一位志願者來畫出袋子裡看不見的積木，好讓每個桌子上的積木數量相等。底下的圖說明了老師如何讓紙袋和積木的問題逐步用更抽象的方式來呈現。

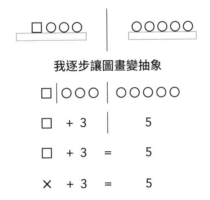

我逐步讓圖畫變抽象

當學生們明白一個字母可以代表一個數字，並且做了一些解答未知數的練習，他們就可以開始接受更有挑戰性的問題。為了幫助學生學會解答像前面提到的字母問題，JUMP 課程的作家辛蒂・薩布林（Sindi Sabourin）和我設

計一系列問題，從幾個位數的簡單練習（字母中穿插了數字），一直到我們剛才演算過 HOST 加上 HOST 這類數學競賽裡的問題。

底下取自課程中的這套問題，它可以幫助學生練習找出加法裡進位的情況。

```
  B B      A B    A A    A A    A A      A B      A B
+   B    +   B  +   A  +   A  +   A    + A B    + A B
─────    ─────  ─────  ─────  ─────    ─────    ─────
  A 4      B 8    A 6    B 6    B 0      7 8      4 2
```

加分題

```
  A A B      A A B      A A B      A B      A B
+   A B    +   A B    +   A B    + A B    + A B
───────    ───────    ───────    ─────    ─────
  A 7 8      B 7 8      C 4 6      B B C    B C C
```

如果你自己運算這一系列迷你版的問題，你應該會發現，就和我在前面解題時一樣，你已經開始發展出某些策略和思考的捷徑，並用它們來解答更複雜的問題。（要記住 A 和 B 必須代表不同的數字。）我這裡提供的這套問題只是小小的樣本，可以一路應用到我前面所介紹的題目上。如果想閱讀全部的課程，你可以在 jumpmath.org 網站的「四年級美國教學指引」中找到。

雖然字母問題經過刻意人工設計，沒有對應真實世界

的情況，但它們是訓練人們數學式思考的有效工具。 我上述分析所展示的策略，和我在數學研究中解答問題和建立證明所用的策略是一樣的。同時，你在數學學到的策略也可以運用在解答任何領域的問題。

在本書的第二部分，我會提供其他的例子來說明心智圖像（包括視覺的再現）在數學式思考扮演的角色。我將更完整解釋結構式探究的方法如何、以及為何能幫學習者發展心智圖像並成為專家級的解題者。我也會提出教學的七原則——專業領域知識、搭建支架、熟練、結構、變化、類比和抽象。它們已經被認知科學家證明對所有年齡的學習者都有效，同時也是結構式探究的基本要素。

第二部分

把研究付諸實踐

第五章 學習的科學

　　大概很少有老師會宣稱他們教導賀爾蒙旺盛、難以管控的高中生的技巧，是習自經營蘇活區夜店的經驗。不過湯姆・班尼特（Tom Bennett）正是從夜店開始發展出他的管理方式，最後讓他成為英國教育部的學生行為輔導顧問，英國媒體封他為「管教沙皇」。

　　中學畢業之後，班尼特在倫敦的夜店裡工作了八年才重回校園，取得宗教與歷史文憑。之後他成為中學的歷史老師，很快就把群眾心理學的專業應用在他的班級裡。

　　在他們學校，班尼特第一手見證老師們經常被要求採用缺乏有力證據支持的教學法。他看著各式各樣的教育風潮接連席捲英國的教育體系，承受著教師同僚們必須忍受的壓力，他們得抗拒去採用那些理論上聽來不錯、但在課堂上不管用的教學法。某天晚上，滿心挫折的他發了一則推特的貼文，點燃英國教師們的一場運動。這場運動很快蔓延到全世界。

　　班尼特在他的推文上宣布他準備舉辦一場教育研究的

研討會（後來他將它名之為 researchED），並詢問是否有人能幫忙。四個小時後，他接到兩百個願意提供協助、精神上支持、自願擔任講者的回覆。班尼特說：「並不是我打造 researchED ...。是它希望被打造出來。它自己創出來。我只是配合它一起行動而已。」

第一次在 2013 年舉行的會議吸引超過五百名教師，他們對教學缺乏依據和班尼特同樣感到挫折，願意投入心力來解決這個問題。班尼特回憶：

這真的非常動人，人們奉獻他們的時間和技能而不求回報，毫不猶豫。從標誌的設計、到名稱、到人們當天製作的名牌，一群滿懷意願和能力的人們推動著我們前進。我人生中從未見證過如此有組織、連貫而自發的善意。[43]

這個研討會很快從倫敦擴展到英國各地，再擴及四大洲的多個城市。許多重要的認知科學家與教育研究者放棄豐厚的酬勞到 researchED 的會議演講。所有的研討會都是由志願者所籌辦。

像 researchED 這類的研討會的快速成長，反映了教師越來越有意願運用嚴謹的研究來改善他們的教學。在過去十年，杜維克和威靈漢這類的研究人員已經成了教師研

討會爭相邀請的熱門基調演講者。頗受歡迎的期刊《美國教育家》（*American Educator*）最近發表關於教育的一篇文章，其中包括一長串心理學和認知科學期刊的參考文獻。這篇文章列出十個有效教學的原則，它們得到研究的充分支持，也體現在結構式探究的方法中：

一、以簡短回顧過去的課程來開始新課程。

二、按照小步驟提出新材料，每個步驟有充分的練習。

三、提問大量的問題並查看所有學生的回應。

四、提供模型。

五、導引學生練習。

六、查看學生的理解情況。

七、取得高的成功率。

八、提供困難任務的支架搭建。

九、要求和督導獨力的練習。

十、讓學生進行每週與每月的複習。[44]

老師們如果無法在上課時運用這些原則，多半不是因為他們缺乏擔任有效率教師的技巧，或是他們不希望幫助每個學生成功。通常原因出在他們對關於學生如何學習的研究缺乏了解，或者是他們被學校的顧問和主管們說服、

強迫，選擇了先天上缺少效率的教材和教學方法。不過有越來越多的教師正開始研讀這些研究，並要求允許他們使用這些有證據佐證的正確教材和教法。

這是教育上令人興奮的時刻。我相信我們的學校和職場未來十年在消弭智識的貧窮將大步前進，因為，正如researchED 這類的研討會顯示的，科學知識的擴散勢不可擋。在底下的三章裡，我會討論在研究方面的幾個普遍趨勢，它們最終將賦予每個人充分發展智識潛能的力量，重新改造我們的社會。

知識的力量

1988 年，心理學家多娜・瑞斯特（Donna Recht）和蘿拉・萊斯利（Laura Leslie）進行一場經典實驗，有一群被認為閱讀能力不佳的中學生，發現他們比另一組閱讀能力較好的同學更容易理解一個關於棒球的故事：

> 有一組十二歲的學生學業表現較好、閱讀測驗分數也較高，但是對棒球缺乏了解。另一組學生則學業成績較差，因而閱讀測驗分數較低，但是對棒球很了解。在這個

特殊的實驗裡，棒球迷成了較佳的讀者，這說明普遍性的原則：對主題很熟悉的時候，「較差」的讀者變成「較好」的讀者：不只如此，當對主題不熟悉的時候，平常情況下較佳的讀者就失去他們的優勢。[45]

　　一些教育家相信，在網路時代老師應該專注於教導學生閱讀策略、批判思考技能以及文法規則，而不是花太多時間在建構他們的詞彙和內容知識（因為學生們可以上網查字意和事件）。不過越來越多的研究顯示，一個人理解特定文字段落的能力，除了對句子結構的理解或是運用閱讀策略的能力之外，也需要靠他對文字主題的理解。這是因為典型句子的文法結構可以支持許多的詮釋。

　　為了說明即使是最陳腔濫調的內容也非常依賴預先的知識來提供解釋，認知科學家威靈漢為這個句子"Time flies like an arrow." 提出五種不同的讀法。

　　底下是這個句子的一個讀法。假如說有種生物叫做"time flies"（時間蒼蠅）（就像有"fruit flies"「果蠅」）然後假如說"arrow"（箭）是一種食物，那麼這個句子可以解釋成關於某種昆蟲的食物偏好的敘述句。[46]

　　心理學家表示，內容知識在理解和解答問題扮演比大部分教學者所知還要重要的角色。E・D・赫許　（E.

D. Hirsch）在《為何知識那麼要緊》（*Why Knowledge Matters*）一書中主張：「領域知識促進任何領域的問題解答——因此教導『解決問題技巧』最好的辦法就是提供廣泛的教育。」[47] 此外，《劍橋專業與專家表現手冊》（*Cambridge Handbook of Expertise and Expert Performance*）主張：「研究清楚駁斥人類認知的傳統觀念中，認為學習、理解、解決問題和形成概念的一般能力，與獨立於內容領域之外學習的能力相對應。」[48]

要了解領域專屬的知識對學習數學扮演的角色，我們可以回顧第三章討論過的分數除法規則。如果你還記得，我用切成 1/2 片、1/3 片、然後是 1/100 片的巧克力圖片來幫你找出規則。在每個例子裡，我請你預測整塊巧克力被分成的碎片數量。如果你從沒有接觸過乘法或加法的概念，那麼你找出碎片數量，就只能靠把整塊巧克力切分下來，再數一數全部的數量。當除數是 1/100 時，這個過程會非常花時間。而且當你把巧克力切成越來越小的碎片，你恐怕無法看出我例子裡更深層的結構，或是找到一個通用的規則來快速解答相關的問題。你當然也就不會看出整塊巧克力切割的碎片數，是整塊巧克力的片數乘上分數的分母。

有些教學者相信，不再需要花太多時間教導小孩子數

學原理或是讓他們練習計算，因為（正如同關於閱讀的論述）他們可以從電腦查詢任何需要知道的東西。相對之下，這些教育家主張我們應該教學生們如何發現和分析事實。尤其是我們應該避免教一些像是乘法表這類的基本原理，因為它們只能靠背誦的方式剝奪了數學的樂趣，並扼殺學生天生的創意。同時，我們也要避免強迫學生練習像加法和乘法這類的基本技能，因為這些事以後可以交給計算機，而且這份功課會讓他們無法發展出自己的方法。雖然這種主張有部分的道理（小孩確實需要學習如何發現並分析事實，而我們也應該避免孩子覺得乏味而扼殺他們的創意），不過，即使暫且不談領域中的專屬知識是理解數學教科書的根本，它也仍存在一些嚴重的問題。

學生需要數學的基本知識的其中一個理由，是人類的工作記憶，也就是我們在解決未見過的問題時非常仰賴的心智筆記本，其實能記的東西很有限。平均來說，它大致相當於一次記住七位數字，當學生在處理複雜問題時，如果尚未取得需要的知識，很容易就會超過這個限制。學生還未將基本技巧和事實納入長期記憶的話，就沒有太多空間的腦力可以進行推理、整合知識和重組資訊，所以他們面對複雜問題會面臨困難。同樣的，不知道乘法表這類基本事實，也難以看出模式和數字的關聯、或是理解規則、

或是做預測和估算，如前面分數除法的例子所見。

　　根據艾瑞克森的論文指導教授，諾貝爾經濟學獎得主司馬賀（Herb Simon）的說法，認知科學幾十年來的研究已經總結歸納出學生需要練習，才能把解決複雜問題所需的技能和事實移轉到長期記憶。司馬賀在他開創性的論文〈認知心理學對數學教育的應用與誤用〉（*Applications and Misapplication of Cognitive Psychology to Math Education*）中，他說教學理念中最糟糕的，就是認為練習是不好的事。他同時也感慨，教育理論家把練習形容成「讀死書、讀到死」（drill and kill），讓它顯得沒有必要或是具破壞性。他認為：「所有實驗室和專業案例研究的證據都顯示，真實的能力唯有靠大量的練習。教學任務並不是用過量的操練來扼殺動機，而是找到可以提供練習同時能維持興趣的教法。」[49]

　　幸運的是，練習也能讓學生很投入，如果這些練習是內建在難度逐漸提高的一系列挑戰裡（就像是電玩遊戲一樣）。要教導學生基本事實，我經常會牽涉到模式的練習。學生們喜歡發現模式，同時模式有助他們記憶事實。

　　舉例來說，要幫助學生記住六的乘法表，我會把底下的表達式寫在黑板上。

$$2 \times 6 = 12$$

$$4 \times 6 = 24$$

$$6 \times 6 = 36$$

$$8 \times 6 = 48$$

學生們通常會從式子中看出許多模式。比如說，第一列的數字和最後一列的數字是一樣的。這表示當你用偶數乘以 6，答案的個位數字和被乘數是相同的。同時每個乘積的個位數和十位數也有一個有趣的關聯：十位數一定是個位數字的一半（積是 12，1 是 2 的一半；積是 24，2 是 4 的一半；諸如此類）。一旦學生們看出這些模式，他們就不需記六的乘法表的這四個項。一般來說，學生們要精熟基本技巧和記住基本原理所需的練習，可以透過這類的練習而更加投入。

從學習的新研究所衍生的一些最有效、實用的教育創新方法，則與記憶有關。當腦部學習新的概念或技巧，它會發展新的神經連結網絡將這個學習編碼。不過假如腦沒有同時打造神經通路來取得這個學習，那麼這些學到的東西將失去。認知科學家已經發現人們如果運用簡單的策略來發展並強化這些通路，他們就比較能記住他們所學的東

西。但是這些策略在人們學習時通常並不會用到。

　　一個讀書時常用到的方法是反覆閱讀你想要學會的材料（最好手上還拿著黃色螢光筆）。不過許多最新的實驗顯示「自我測試」（self-testing）比單純的複習更有效。自我測試的方法可能包括使用字卡、回答教科書上的問題、或是設計供自己解答的題目。認知科學家約翰・鄧洛斯基（John Dunlosky）和同事們在〈何者有效，何者無效〉（*What Works, What Doesn't*）的論文中總結自我測試或稱為「取回練習」（retrieval practice）最新研究的結果：

　　在一項研究中，大學部學生被要求，有兩兩成組的字詞，其中有一半的字詞會包含在一項記憶測驗裡。一個星期之後，學生記得 35% 曾經測驗過的成對字詞，相較之下沒有測驗過成對字詞他們只記得 4%。在另一個實驗中，大學部學生拿到一份斯瓦希里語和英語的對照字詞，之後接受測驗或是進行複習。他們反覆測驗過的部分能記住 80%，而他們做過複習的則只記得 36%。有一種理論認為，進行測驗觸發長期記憶力裡的腦部字詞搜尋，它啟動相關資訊而形成多重的記憶通道，而讓資訊變得較容易取得。[50]

另一個常用的學習方法是「密集練習」，意思是在短時間內反覆填鴨式記住學習的材料。研究顯示，把同樣長度的時間分散在較長的區段裡比較有效。同樣的，學生如果交替不同主題學習會學得比較多，而不是一次集中學習某單元（一個主題的複習完成之後才進入下一個主題）。在一項研究中，大學生學習計算四種不同幾何圖形的體積，一組學生在完成某個圖形的所有問題之後，再進入下一個；另一組學生在學習時則不斷變換問題的類型，如此一來他們有機會反覆練習選擇每個問題的適當方法。學生們在一星期後接受測驗，使用「交錯」練習（轉換不同類型問題）而不是「成組」練習的學生，計算體積的正確率高出 43%。[51]

　　關於記憶和練習的最新研究認為，透過有系統的練習和牢記專屬領域的知識，我們可以培養更好能力來解決學校和真實生活的問題。

搭建支架的力量

　　過去 20 年來，北美地區大部分學校都已經採用探索式或改良式（discovery- or reform -based）的數學課程，課

程中學生應該靠自己構想出概念，而不是透過直接教導的方式。探索式的課程內容多半不是注重在可以根據一個通則、過程、或公式可以解答的問題（譬如像是「計算長 5 公尺、寬 4 公尺的長方形周長」），而是比較重視根據真實世界裡的例子，可以用不只一種方式或是有超過一種解答的複雜問題（像是「你如何估算這個水池的面積？」）。學生主要學到的不再是記住事實和學會長除法這類的制式演算法，而是主要在探索概念和發展出自己的計算方法，大部分是透過手邊具體材料進行的活動。

雖然我同意探索式數學的諸多目標和方法，不過許多的研究顯示，其中有一些要素有明顯的缺點。

正如卡明斯基的研究所展示（在第三章已介紹過），教師們應該避免選擇視覺呈現過度詳細或多餘而讓學生們分心的教材，研究也顯示，教師們要避免一次提供太多新資訊或是太多新的認知需求，以免學生無法負荷。舉例來說，司馬賀觀察到，當解決一個複雜問題需要許多種基本能力時，尚未發展這些能力的學習者很容易就無法負荷處理運作的需求。但是如果組成的概念各別區隔出來、並分割成可處理的小部分來學習，學習就會變得更有效率。

由於純粹探索式的課程需要大量的認知負載，它的運作順暢程度不如由教師來協助學生，透過提供回饋、透過

範例進行、並提供其他的指引來探索問題的複雜性。荷蘭開放大學心理學家保羅・克許納（Paul Kirschner）和同事們在 2006 年的一篇論文寫道：「過去半個世紀的實徵證據一致顯示，極少引導的教學有效性和效率，不如強調在學習過程提供引導的教學法。」[52]

在 2011 年一個對 164 個探索式學習法研究的統合分析（量化評估）裡，紐約城市大學的心理學家路易斯・阿爾菲利（Louis Alfieri）和同事的結論是：「未提供協助的探索無法提供學習者助益，有助益的是反饋、範例練習、搭建支架和導引解釋。」[53]

在教育裡，「搭建支架」（scaffolding，或「搭鷹架」）一詞指的是把學習拆分成小塊，並提供相關的例子和練習來幫助學生解決每個小區塊。在搭建適當支架的課程中，概念按照邏輯的進展逐步介紹，由一個觀念自然導引到下一個觀念，在每個階段提供學生反饋來確認他們可以進行下一個單元。這就像建築物搭建鷹架，讓建築工人可以安全往上爬，直到最上層，在課程裡搭建支架有助學生往上進行更高層的學習。

由布倫特・戴維斯（Brent Davis）所領導、來自卡加利大學的教育研究團隊，自 2012 年開始觀察並拍攝老師們根據本書討論的原則（搭建支架、持續評估等）傳授課

程。[54] 在研究初期，他們追蹤兩名教師使用教案的結果，他們對課程投入的程度看似相同，然而在一年之後，其中一位老師的學生們在 CTBS 測驗（它衡量學生在計算、概念理解和解答問題的表現）分數提升 20%，另一位老師的學生們分數則完全沒有提升。研究人員仔細觀察兩位教師的教學影片，他們發現在傳授課程時有一些明顯的差異。

第二位教師（他的學生們成績表現未見提升）有時候在探討或活動搭建支架時會跳過一些重要的步驟，第一位教師則比較清楚課程的哪些部分可以略過，哪些則不能省略。第二位教師只偶爾對學生進行評估，而且並沒有根據評估來調整他的教學計畫，而第一位教師則很清楚掌控學生在每個時刻是否都聽懂了：她會不斷讓學生們討論他們的演算，或是把他們的答案留在個人的白板上，同時她也會在教室來回走動觀察學生的演算。她也會根據對學生的評估來變動課程——重複教過的材料或是減慢或加快進度。第二位教師很少提供加分題，而第一位教師則會不時指定取自 JUMP 課程教案的「延伸」問題或自己提出加分題來製造興奮感。隨著研究人員收集更多研究中的教師資料，他們發現固定搭建支架、對學生持續進行評估、並逐步提高問題難度的老師，表現更勝過其他未採取這些作

法的老師。

2019 年秋天，研究人員提供一個免費線上課程，說明在這份研究裡帶來正面結果的教學原則與課程設計。

熟練的力量

這並不是什麼新觀念，幾乎每個學生只要有適當的支持——包括嚴格的支架搭建和持續的反饋——都可以熟練掌控概念。在北美地區，這個觀念最早由幾位美國教育家在 1920 年代發展出來，在 1960 年代末期再次得到教育心理學家班哲明・布倫姆（Benjamin Bloom）的提倡。

布倫姆觀察到，當老師給學生打分數時，使用鐘形曲線分配對考試成績隨機給予等第，無形中等於在教課時預設有許多學生無法成功學會教材的內容。不過，如果老師們能夠採取一些措施來確保所有學生都熟習教材，如此一來學習成就曲線將會大大往上提升，而不致於落入鐘形曲線。

在 1980 年代，布倫姆進行一系列的研究，其中的學生接受以「熟練」（mastery）為基礎的教學法——他們可以按自己的步調來學習，並配合嚴謹的搭建支架和反饋，接受持續的評估。比起接受傳統教學法的學生，這些

學生一致的展現更高的成就表現（平均而言高出兩個標準差）。布倫姆發現，「大約 90% 的上課學生 ... 達到對照組班級裡只有 20% 能達到的最高成就表現」。[55]

布倫姆也把熟練學習法應用在普通教室裡，他發現這個方法產生的結果類似於他的實驗班（雖然成效的對比不是那麼強烈）。根據心理學家湯瑪斯・古斯基（Thomas Guskey）的說法，在布倫姆首次發展他的理論之後，20年來大量研究已提出了有力的佐證：「相較於傳統教學方式的班級，熟練學習法運用良好的班級一致的會達成較高的成就表現，對於學習以及自己身為學習者的能力也會發展出更多的自信。」[56]

儘管布倫姆呈現出驚人結果，在他出版他對熟練課程的發現後不久的 1980 年代，人們對熟練學習法的興趣開始退潮。如今許多教育者——特別是提供教師建議的教育顧問們——認為這個方法過於古板甚至對學生有害。他們認為在我們的教育體系中，所有學生都應該熟練於他們年級水平的數學課程（或是課程中最基本的元素）才能進入下一個年級課程，這種觀念已不再流行——這是我在數以百計的教室裡所親眼見識到的。最快大概到了五年級，老師們多半會預期有為數不少的學生在秋季進入他們教室時程度已經落後一到三個年級。他們同樣也可以預期——依

據他們不是為了熟練學習法而設計的教材和教學法的使用經驗——有更多的學生在學年結束、離開他們的班級時，程度會落後得更遠。

一名七年級的老師曾告訴我一個故事，證明熟練學習法的概念在今日的學校裡有多麼陌生。有一天，他的學生們以公分和公釐為單位測量各種物品長度時，他注意到一位平常數學表現不錯的學生以有點奇怪的方式使用她的尺。有時候這個女孩會正確測量，把物品底端跟她尺上 0 的刻度對齊，但有時在看不出特別原因的情況下，她卻把物品底端和尺的刻度 1 對齊，於是她的測量值就少了一個單位。當老師詢問她為何使用尺的方式不一樣，她指著她的尺上印的 mm 和 cm 字樣說：「我想用公釐測量物品的時候，我用 0 對齊物品底部，因為字母 mm 就在 0 的下面。當我用公分測量東西時，我把 1 對齊物品底部，因為字母 cm 在 1 的下面。」

早期兒童教育的研究顯示，在沒有導引的情況下，有些孩童無法自然而然學會正確的使用尺——他們需要被教導尺上面的間隔代表的意義，以及如何正確對齊他們要測量的東西。用公分和公釐量東西量法會不一樣的這個女孩子已經進入七年級的課程，卻沒人注意到她不會用尺。同樣的，許多學生從一個年級升到下一個年級時，也沒有學

會他們理解更高等數學所需的基本技巧和事實。許多中學老師跟我說，有很大比例的學生們在進入九年級時對於分數、小數、比例、百分比、整數和簡單代數等概念的理解仍相當有限，即使是最簡單的運算也要依賴計算機。

我在《無知的終結》（The End of Ignorance）這本書裡，提到我和兩位早期 JUMP 課程學生麗莎和馬修上課的情況（當時的課程還是在我的公寓裡的家教班），他們兩人都有嚴重的學習障礙。我還清楚記得麗莎來的那一天——她是高個子、極度害羞的六年級生——在我家廚房餐桌上的第一堂數學課。雖然我事先請求麗莎的校長推薦學習數學有困難的學生參加這個課程，但是我沒有預想到教導麗莎將遇到這些挑戰。

我打算教麗莎分數的加法來提升她的自信心。從過去當家教的經驗，我知道學生在第一次碰到分數時往往感到困難，並對數學產生焦慮感。由於我的課程牽涉到乘法，所以我問麗莎在背乘法表時是否有碰到什麼特別的困難，她一臉茫然看著我。她完全不知道乘法是什麼，甚至她也沒聽過用 1 以外的數字為單位來計數。我的問題讓她驚慌，我每提到一些簡單的概念她就不停的說「我不知道」。她同時也有閱讀障礙，她跟我說她從未讀過一本章節書（chapter book，指文字配合較多插圖的兒童讀物）。我

後來發現她之前才剛接受一年級的數學測驗，被評估有輕微智能障礙。

我不知道麗莎該從哪裡教起，於是我決定來看看她是否能學偶數的數列（2、4、6、8 ...），然後再學會 2 的乘法。由於她很緊張而且對記住數字有困難，所以我告訴她我很確定她夠聰明，一定能學會乘法。我擔心自己可能給了她不實的讚美，不過我的鼓勵似乎有助她專心，她在課程的進步也比我預期還要多。

我每星期給麗莎上一次課，總共上了三年。在她進入中學後，我知道當初給了她不實讚美的擔心根本是多慮了。九年級時她已從數學的補救班轉到正常班，到了下學期她已經跳級到十年級的數學。偶爾她的成績會不及格，不過大部分的分數都在 C 到 A 之間。她可以解決字母問題和獨力進行測驗題的複雜運算，有好幾次我看她可以用教科書的材料自學。她十年級數學最後的分數是 C⁺，不過她提前一年完成。她只上了一百個小時的課程就從一年級進展到九年級（這時數比她學校一學年上的課還要少）。如果我有更多時間幫她準備功課的話，我相信她還會做得更好。

我開始教馬修——一個有自閉症的男孩，他面臨的挑戰比麗莎還大——是源於他的醫師讀到關於 JUMP 課程

的新聞後和我聯絡，請我為他上課。四年級的馬修之前被判定數學能力的百分等級是 0.1，意思是說按照平均，他在 1,000 個受測者之中會比 999 人的成績低。他已經從學校正常班課程轉出，因為數學讓他感到焦慮，有時甚至會讓他在課堂中嘔吐。

我使用本書描述的方法教導馬修。我很高興可以在這裡提供關於他的最新進展。從 2003 年到 2010 年，我每兩個星期為馬修上一次課（平均算起來）。另外他也不時接受另一位 JUMP 課程作者法蘭西斯柯・奇巴迪（Francisco Kibaldi）授課。在 2010 年，當馬修的醫師再次評估他的數學能力時，他的成績是在低下程度的範圍（大約是 20 百分等級），這和原本的 0.1 相比已經是驚人的進展。在那個時候，馬修已經對自己的能力較有信心，對數學課也顯得樂在其中。就和麗莎的情況一樣，如果我能夠每天教他（而且，如果我能教得更好一點），我預期他會有更好的表現。

馬修和麗莎是極端的例子，我的大部分學生教起來容易許多，不過我很慶幸有和他們合作的機會，讓我對我們的課程教學和孩子們的潛能都學到很多。他們幫助我了解，只要老師能使用以熟練為基礎的教學法，即使是有嚴重挑戰的學生也能夠學習數學。

假如我一開始認定麗莎和馬修的能力是不變的，無法透過練習而提升，我很懷疑我是否有辦法幫助他們得到這麼大的進步，同時我也不會發展出本身做為老師的技巧，因為我不大可能會嘗試新的方法並從錯誤中學習。現在，當學生有人不明白我想教他們的內容，我一定會先認定問題是出在我的課程，而不是我學生們的能力不足。當某個學生有問題卡住了，我會試著判斷是否我的方法對他們來說太困難或讓他們覺得困惑，還是他們過去對某個單元的知識（有可能是出自概念的錯誤）妨礙了理解。

　　要幫助某些學生，可能需要很多練習，不斷重複和嘗試錯誤。我曾經教過一些有嚴重學習障礙的學生，我無法讓他們得到太多的進步，但是即使是這些學生也能得到學習數學的樂趣，並從所學中得到助益。

　　莫若教過一個女學生，在五年級剛開始時在 TOMA 測驗分數是 9 百分等級，在她來到莫若的班上時程度至少落後了三個年級。在第一年的上半學期，這女孩無法每次都跟上其他學生的進度，測驗的成績也沒那麼好。不過莫若讓女孩知道，雖然自己進步的速度不能和其他的同學相比，莫若也給她特別的加分題來建立她的信心。她還給她額外的時間來練習，好達到同年級水平所需要的基本技巧。當這個女孩子偶爾注意到自己的程度落後其他人時，

莫若會再次鼓勵她只要努力就可以趕上。到了五年級快結束的時候，這個女孩在 TOMA 測驗百分等級的分數是95，再過一年，她只差三分就能在畢達哥拉斯數學競賽獲獎。這個故事告訴我們練習的力量，以及（如杜維克所建議的）讓學生們了解，某些事他們如果「還」做不到，只要努力就能做到。

有些熟練教學法的支持者認為，這個方法儘管有實務證據的支持，卻從不曾在學校裡被推廣，原因在於它對教師的要求太過高了。如果老師要使用熟練教法，他們需要找到或是製作比傳統教科書更加仔細搭建支架的課程。他們還需要仔細追蹤每個學生的進度並且找時間重複教導學生未能學會的材料。雖然熟練學習的這些面向的確充滿考驗，許多教師在一、兩年的實際運作之後已經發現，他們已經可以把搭建支架內化在課程裡，不需額外的工夫就可以教導這些課程。

雖然對熟練教學法嚴苛的要求或許是布倫姆的理念無法快速傳播的原因之一，我相信，他的方法無法在學校被廣泛採用還有另一個更深層的原因。在《無知的終結》這本書裡，我主張教育者常有的錯誤，是把教育目的與達成目的的方式搞混在一起。我相信，這種傾向是導致熟練學習法未能風行的主要原因。

在西洋棋賽裡，訓練的目標是要成為善於下棋的棋手。不過，棋手如果只是一盤接一盤的下棋，學習並不會很有效率。他們進步更快速的方法是依據漸進式原則針對重點做練習。西洋棋訓練的目標（下一盤完整、無限制的棋賽）和達成目標的方式（在有人為限制的小區塊裡反覆練習來學習）是很不一樣的。

期盼創造有高度創意和天分的「二十一世紀學習者」——他們由無止境的好奇所驅動，面對最困難的智識挑戰也堅持不懈，學校會持續給予學生們「富有的」問題，它們只能由極少數原本就對這些問題具備知識、技能、和思考習慣的人來解答。由於這種解答問題的方法會導致大部分孩子的認知過載，它製造出許多學生只把好奇心用在如何通過下一次考試，他們巨大的創意和天分也只展現於如何逃避任何和數學有關的真正功課。如果我們的目標是想打造具幽默感的學生，現在的教學方法大概會很適用。不少網站上可以看到學生們以天才洋溢的方式把他們對數學的困惑轉化成幽默。當一個直角三角形的斜邊寫著 X 的問題要學生「找出 X」，某個聰明的學生會畫個箭頭指著 X，在旁邊寫著「在這裡」。

認定小孩的數學要變好，一定要在沒有太多指導或準備的情況下，給他們很多機會去研究困難的問題，這種觀

念對我們的學校已經造成巨大的損害，尤其是在某些社區裡，家長們並無力聘請家教來教導孩子們關於解答所需的基本技能和觀念。對於弱勢學生而言，很遺憾的是，我們有根深蒂固的傾向把目的誤認成方法。我聽過許多本意良善的校長和老師，在他們學校裡只有少部分學生程度能達到年級的水平，他們為學生每堂課的上課權而熱情辯護，實際上學生們嚴重欠缺解答課堂問題所需的能力。

我相信所有學生都應該有權利去處理豐富、有趣的問題，來測試他們的天分和磨練面對挑戰時堅持不懈的能力。不過研究顯示，他們最可能從這類型問題得到收穫的方式，是先讓他們熟練做這類問題所需要的技巧和概念。

結構的力量

今天，大部分的數學教科書文字比數字還多。這些書籍充斥「文字型的題目」，藉由把數學知識放入生活情境裡試著讓數學變得更有相關性。在各州各省的考試裡，這些題目往往是區別學生們數學好或不好的方式。

有些時候學生對文字型的題目有困難，是因為文字內容對他們而言太難理解了。即使情況並非如此，他們要看

出埋在文字底下的數學結構仍可能遇到困難。對文字理解有困難的學生，老師們通常幫助他們的方式是提供更多的文字。就補救的方法而言無異火上加油——這讓學生更強化了挫敗感，更難以培養專注於解答問題所需要的自信和能力。

二年級和三年級的學生，有時對於牽涉由兩個不同類東西（也就是兩個「部分」）組成一組東西（或者說一個「整體」）的文字敘述會不容易理解。如果告訴你，鮑伯有四個彈珠，愛麗絲有三個彈珠，顯然我們可以用 4 加上 3 得知他們總共有多少個彈珠。不過如果告訴你某人多了幾個彈珠，問題就變難了。有些老師喜歡告訴學生要找尋題目裡的關鍵字，當你看到「多」（more）這個詞，通常表示要用加法來找出答案。不過情況未必都是如此。如果鮑伯有六個彈珠，然後愛麗絲比鮑伯多了兩個彈珠，我們會用 6 加 2 來得知愛麗絲有多少彈珠。但是如果鮑伯有六個彈珠而且比愛麗絲多兩個彈珠，我們得用 6 減去 2 來得知愛麗絲有幾個彈珠。

當學生們被要求同時應付閱讀一連串的文字問題的認知需求（其中每個題目的詞彙和文字脈絡可能有變化），以及理解問題類型的認知需求，可能很容易就會出現認知負荷過載的情況。老師們一次變換題目裡的元素越多，學

生就越可能跟不上進度。

處理這個問題的一個方法，是讓學生透過一系列練習來找出部分／整體問題（part-whole problems）的解答。在這一系列的練習中，問題的題型會有變化，但是題目的數字比較小，文字也儘量簡化並且不做改變。與其要求學生閱讀整段文章——關於動物、接著是汽車、再來是蔬菜——不如給學生簡短的句子，談論的東西最好都一樣，比如說，綠色和藍色的彈珠。最好一開始先給學生們最簡單的題型（先給他們部分和部分）然後進展到較難的類型。

部分和部分

塗上方格代表彈珠數量。
再找出總數和差別。

5 個綠色彈珠
3 個藍色彈珠

差別：2 個彈珠

總數：8 個彈珠

綠色
藍色

4 個綠色彈珠
6 個藍色彈珠

差別：＿＿＿＿＿

總數：＿＿＿＿＿

綠色
藍色

上圖的題目是最簡單的題型：一個整體中的部分。或許可以讓學生對每種題型做盡可能多次的練習，如此可讓他們完全理解一個題型之後再介紹下一個題型。底下的題目是又另一個題型。

部分和整體

總共有6個彈珠
2個綠色彈珠

_____ ⬚⬚⬚⬚⬚⬚ 差別：_____
_____ ⬚⬚⬚⬚⬚⬚ 總數：_____

**部分與差別，你知道最小的部分，
你也知道還多出幾個**

3個綠色彈珠
藍色彈珠比綠色彈珠多4個

_____ ⬚⬚⬚⬚⬚⬚ 差別：_____
_____ ⬚⬚⬚⬚⬚⬚ 總數：_____

**部分與差別，你知道較大的部分，
你也知道較少的差幾個**

8個綠色彈珠
藍色彈珠比綠色彈珠少3個

_____ ⬚⬚⬚⬚⬚⬚ 差別：_____
_____ ⬚⬚⬚⬚⬚⬚ 總數：_____

學生們一旦熟悉各種類型的部分整體問題之後，他們仍舊需要透過練習，來辨認出隨機出現的不同類型題目。對某些孩子而言，即使他們已經熟悉每種類型的題目，要他們在不同題型之間隨時變換仍有困難。如果題目是以整段文章的方式呈現，可能干擾到他們學會這個技能。因此，老師們或許可以把每個問題的資訊放在下方的表格裡。

能夠處理較大數字的學生，老師可以在表格裡加上一些比格子裡更大的數字。這會給學生多一點挑戰，迫使學生自己去畫圖或是靠他們對數字的知識在心裡默想答案。刻意練習的研究指出，當我們持續把學生們推出舒適圈，但又不要推得太遠，這時的學習最有效率。

	綠色彈珠	藍色彈珠	總數	差別
a.	3	5	8	比綠色多2個
b.	2	9		
c.	4		6	
d.		2	7	
e.	6		10	
f.	3			藍色比綠色多1個
g.		2		綠色比藍色多1個
h.		4		藍色比綠色多1個

有些時候，學生們接受過這一系列的練習之後，再看到一整段文字所寫的問題時還是會感到驚慌。他們又會去猜測答案，儘管他們在問題以極簡的文字呈現時明明可以解答出來。為了打破這種亂猜的反射動作，JUMP 課程的作者之一安娜・克列巴諾夫（Anna Klebanov）想出一個絕妙的方法。如下圖所示，她把文字問題的片斷（其中彈珠改用魚取代，讓學生們習慣文字情境的改變）放在圖表

	紅色	綠色	總數	差距
a. 凱特有 3 條綠魚和 4 條紅魚。她總共有幾條魚？	4	3	⑦	1
b. 比爾有 4 條綠魚和 6 條紅魚。他總共有幾條魚？				
c. 瑪麗有 8 條綠魚而且綠魚比紅魚多兩條。她總共有幾條魚？				
d. 彼得有 19 條魚，他有 15 條綠魚。他有幾條紅魚？				
e. 漢娜有 8 條綠魚而且紅魚比綠魚少 3 條。她總共有幾條魚？				
f. 肯有 22 條紅魚和 33 條綠魚。他的綠魚比紅魚多幾條？				

　　　　　　　　　　　　　　　數學之前人人平等

的左手邊。她沒有要求學生寫下問題的答案，而是要他們把圖表中遺漏的訊息先填上去，再把答案圈起來。學生們被迫要先發展出實際情況的完整圖像（在腦中的或實際畫出來的），再來回答問題。這讓學生不會再隨便猜想。

在指定這類的練習之後，老師可以介紹更多文字敘述的問題，在每個問題的文字情境做些變化。

部分與整體問題中，最有挑戰性的題型是你只提供學生們總數和差別。舉例來說：「你有二十個彈珠。你的綠色彈珠比藍色彈珠多四個。你有多少個藍色彈珠？」這對準備好接受更多挑戰的學生來說，是絕佳的加分題。

大概只有學習障礙最嚴重的學生，才會在我設計的練習進度裡遇到困難。通常我用這個方法教學時，所有學生都能按照大致相同的進度學習，很少人會落後。同時我也可以很快把教材上完，因為學生們會很投入，而且他們頭腦也不致負荷過載。我總會預留一些難度逐漸提高的加分題，所以不會有學生覺得乏味。如果學生們已經準備好接受更多考驗，我可以跳過一些步驟，讓他們自己花更多工夫去思考。雖然我還沒有機會透過嚴謹的研究來測試這一系列的練習，但我猜這個方法應該會比一開始上課就給學生們全是文字敘述的問題更能得到好的結果。

當我們把文字從部分／整體的問題中抽離出來，你就

會發現數學有多簡單。要理解這類問題的一切，你只需要知道兩個部分、總數以及差距。只要你能勾勒出它的心智圖像（比如說，設想兩個長條來代表兩個部分），你就已探究到數學的深處。這裡並沒有藏著只有最聰明的人才能理解的未知奧祕。幸運的是，所有學數學的學生在學校裡需要學習的就是這些；而且它可以透過幾乎人人能懂的系列步驟逐步教導。原因在於，數學背後的結構是一成不變的簡明，基本上人人都能掌握，只要這個結構沒有被文字隱蔽，學習也沒有因為同時間太多的認知需求而變得困難。

當文字擋在數學的中間，以英語為第二語言的孩子或是閱讀能力較差的孩子受害最嚴重。而這些學生一旦在數學上落後，下場也特別悲慘，因為數學是他們最容易有表現並培養出自信心的科目。在學數學時，他們也可以發展許多可應用在其他科目的能力，像是專注和堅持不懈、從連串符號中看出模式、將具體情況構成心智圖像、思考和理解嚴謹的論證和證明以及運用策略等能力。在北美地區，在具有先天優勢、受過良好教育的人們鼓吹下，已經讓數學的教學越來越仰賴於閱讀能力（從教科書中文字敘述的密集度可佐證），這不僅不科學，同時它也是對弱勢學生的社會不公義——它原是可輕易避免的。

在本書稍後，我們會審視其他幾個關於學習的迷思，

諸如：個人「學習型態」（learning styles）內建在腦中，我們只能配合他們的學習型態來教導；或者，孩童只要透過許多實物的遊戲，就可以自然獲得數學概念。

我在本章所討論的策略，可以對數以百萬計因數學而苦惱的孩童和他們成年後的學習曲線帶來戲劇性的影響。如果數學是以讓腦部持續不堪負荷的方式教導，人們就會學著碰到複雜的數學問題就想放棄。有些人甚至會開始相信，所有以數字或邏輯為基礎的知識形式（如統計學、氣候變遷的科學或經濟理論），對一般人都太過深奧而不值得信任。我相信近來反科學的政治運動興起，與我們無法讓大部分學生掌握數學和科學能力有密切的關係。

珍古德（Jane Goodall）在 2010 年接受《科學美國人》（*Scientific American*）訪問時，解釋自己現在為何花那麼多時間在世界各地演講，而不是繼續她馳名全球的黑猩猩研究。

每個地方的年輕人都必須了解，基本上我們每天個別所做的事都會造成改變。如果每個人開始思考他們所做小小選擇帶來的結果——他們吃什麼、穿什麼、買什麼東西、怎樣從 A 地來到 B 地——並據此行動，這些以百萬計的小小改變，比起我們關心子孫所該做的事，將帶來更

大的改變。這是為什麼我一年要在路上奔波三百天，和一群年輕人還有大人們、政治人物和商人們說話——因為我並不認為我們還剩太多時間。[57]

對我而言，幾乎沒有什麼事比坐在書桌前做數學更享受。這個平和、靜態的活動讓我可以不用離開椅子就在宇宙漫遊、探索世界隱含的結構，所需要的不過是一隻筆和紙，以及我的想像力。不過，和珍古德一樣，我並沒有隨心所欲花時間做研究，因為我也同意，我們只剩很有限的時間，可以來解決包括全球暖化在內的迫切問題。

貝托爾特·布萊希特（Bertolt Brecht）在 1930 年代所寫充滿預示的詩作〈致後代〉（*To Posterity*），充分掌握我對我們這個時代所感受的焦慮感：

喔，這是什麼時代
當討論一棵樹幾乎就是罪行
因為它是對不義的沈默！...
人們跟我說：吃吧，喝吧。儘量快活吧！
但我怎能吃和喝
當我的食物奪取自飢餓的人
而我杯中的水屬於乾渴的人？...

古書裡告訴我什麼是智慧

避開世事紛爭

活過短暫人生

無須畏懼

不用暴力

以善報惡——

...我完全無法做到

的確，我活在黑暗時代！[58]

　　在某些方面，特別是在保護環境和降低經濟不平等的努力，我們從布萊希特寫這首詩到現在並沒有太多進步——部分原因是我們對於消除智識的貧窮並沒有做協調一致的努力。我創辦 JUMP 課程，是因為我相信改善情況最有效率和最節省成本的方法，就是提供人們所需的智識工具。如珍古德所說的，思考一下「我們所做小小選擇帶來的結果」。人們也需要行動的使命感，來激勵他們去處理當今最嚴峻的問題。幸運的是，我在底下兩章要介紹的一些研究，給了我很大的希望。如果人們能牢記這些研究揭示的意義，將可發展出改善世界所需的思維模式與創造力。

第六章 成功心理學

　　我的學生奈德有嚴重的注意力缺失症。在我們上課時，他有時會瞪著空氣靜坐，陷入神遊的狀態，渾然不知周遭發生的事。他有主導話題的天賦，只要那個話題不是我要他專心的正題上。雖然讀到四年級，他仍記不住數字的一些原理，也不知道任何的乘法表。由於他維持專注力非常困難，我協助他寫功課非常費力。

　　我知道奈德過去已學會數到百位數，所以有次上課我跟他說要給他一個考驗：我要讓他知道如何用心算把一個大的數目加倍。我寫下了底下的數字：

百萬	千	
2 3 4	1 2 2	1 4 1

　　我用手遮住百萬以外的部分，問他看到了什麼。他唸：「234，」還有「百萬。」我縮手露出千的部分，他接著唸：「122 千。」等我把其他數字也露出來，他說：「141。」如我所期待的，奈德因為讀出這麼大的數字而變得興致高

昂，要求給他讀更多的數字。很快他就學會讀十億單位的數字。

我這堂課的目的之一，是激發奈德回想自己記得的乘法知識。因此在複習過乘法的意義之後，我列出了二的乘法表的前面四項，讓他知道如何把一個大的數目加倍，也就是每個位數乘二再把數字寫在底下。奈德開心把數字加倍的同時，很快就記住我列出的這四個項而不再需要用到。由於他專心投入，所以在幾分鐘內就不知不覺記住部分二的乘法表。

我在許多課堂裡都做過這種培養專注力的練習。這種練習由團體一起進行的效果甚至比學生個別做來得更好，因為在團體裡的學生毫不例外，都希望有輪到自己表現的機會，可以在眾人面前讀出一個大數字。有次我給二年級的班級上課時，我說：「我沒辦法出更難的題目了...再來我就要出兆或千兆的問題了。」學生們歡呼大喊：「好！」（這部分上課內容你可以看我在 TEXxCERN 演講「學習的數學」）。

我在幼兒園也用過類似的方法。我在黑板上畫兩個點，要一名志願者把點連起來。接著我讓兩個點距離遠一點，再請第二個志願者把它們相連。我一連做了幾遍，直到一個點在黑板的最側邊，另一個點在另一邊。這時候孩

子通常已經情緒高昂，幾乎都坐不住急著要上前接受挑戰。接著我會重複這個練習，不過我會把一個點放在另一個點的上面，讓學生必須畫垂直的線把它們連起來。接著我把點畫在對角的位置。學生們似乎認定每次的變化難度都會增加，因而變得更為投入。最後，我會畫出很多的點，同時逐一數出來，並要求學生們按照順序一邊數一邊把點連結起來。我甚至請他們猜猜看當所有點連起來時會出現什麼圖形或是字母。我發現這個練習可以幫助孩子們記住數字的順序，並為他們學習寫字母和數字做準備。

我在八年級和九年級的課程也做類似信心建立的練習，比如說，我跟學生說在 30 分鐘他們就可以學會看起來很複雜的方程式。這些課程有趣的部分在於，它對每個班級都有同樣的效果。學生們熱切回應難度逐漸提升的題型，直到數學在他們眼中變得充滿挑戰而且超過他們年級的程度。在同時，包括有注意力或行為問題的在內，幾乎所有學生都有辦法專注和參與課程。

相似多於不同

一整班的孩子能在同一堂數學課、在大致相同的情況

下熱切投入課程，許多人認為是件難以置信的事。在教育界和社會的普遍觀點裡認為孩子們是獨特的個體，他們學習用的是不同的方式、不同的步調，而且出於非常不同動機來學習。按照這個看法，孩子們甚至有不同的學習型態：有些是動覺學習者（他們學習最好是透過動作），有些是聽覺學習者（他們透過聽覺能學得最好），還有些是視覺學習者（他們透過觀看學得最好）。同時孩童也有不同的智力：有些人可能有較高的音樂智力，而有些則有較高的數學智力。

　　許多教育者相信，如果老師課程使用的教材或方法符合學生的認知型態，學生會學得比較好。舉例來說，視覺學習者如果給他們一系列圖畫來說明單字，要他們學習一串單字就比較容易。這種學習的觀點稱為學習型態理論。

　　過去 10 年來，許多知名認知科學家發表文章或出書對學習型態理論提出質疑。2008 年，一個認知心理學家的團隊受委任進行文獻探討，評斷這個理論是否有實務證據的支持。這個團隊發現，大部分學習型態的研究設計不佳，因此無法測試出理論的有效性。少數設計較理想的研究則未能提出證據或是舉出了反面證據。除此之外，依據心理學家亨利・羅迪格（Henry Roediger）和馬克・麥克丹尼爾（Mark McDaniel）的說法，這個文獻探討「說明

真正的重點是教學模式應符合教學科目的本質：以視覺教學來教幾何學和地理，口語教學來教詩等。當教學型態符合內容的本質，所有學習者都可以學得更好，不論他們對教學法是否有偏好的差異。」[59]

據威靈漢的說法，90% 的教師們相信學習型態理論。[60]這麼多教育者相信一個沒有嚴謹證據支持的理論，原因之一或許在於每個孩子各有其不同，這是無可爭議的。有些人善於記憶圖像，有的善於記憶聲音，有人喜歡古典詩而有人喜歡饒舌歌。沒有人可以否認孩子們的品味和興趣不同，認知能力和智力也不同。

但是其實認知科學家並沒有否認這些事。他們只是想指出，即使孩子們的興趣和能力有差異，他們照自己喜歡的教學模式也不必然會學得更好。如威靈漢所說：

數學概念必須用數學方法學習，音樂技巧並不會帶來幫助。寫一首關於高爾夫球揮桿弧線的詩，對你的揮桿並不會有幫助。這些能力並不是全然無關，但它們差別如此之大，你不可能利用你擅長的一個技能來提升一個弱點。[61]

雖然我提出論證來反駁學習型態理論，但我的意思並不是說老師們不該根據學生的興趣和偏好來激發他們的學

習動機。舉例來說，有些老師用饒舌音樂或藝術幫助學生發展數學的興趣，讓他們知道這個科目也可以很酷、很美、很有相關性。不過，一旦學生有了專注在數學課的意願，大部分的教學仍應以適合內容的方式來進行。

當我把數學的考驗拆成容易處理的小區塊，並逐步升高問題的困難程度，學生們對數學就會變得很投入，甚至我不需要做其他別的事來激發他們的興趣。我不需要請他們吃切片的披薩來激勵他們計算分數的加分題。如果課程搭好適當的支架，學生用配合內容的任何模式或呈現方式都可以學習。我教數線，並不是因為我認為它可以幫助視覺學習者——我教數線是因為它體現許多真實世界情況的抽象結構，是解答問題的強大工具。幸運的是，學生們不需要是才華洋溢的藝術家或擁有強大的視覺想像力，就可以勾畫或設想出簡單的數線。大部分數學的呈現方式也都是如此。事實上，研究顯示，細節較少、任何學生都能掌握的的數學呈現方式，往往是最有效的教學工具。

強調學生差異的教育理論家似乎慈眉善目。畢竟，把學生當成獨特的個體、有獨特的需求和興趣，這怎麼可能反而造成妨害？不過我認為，這些理論可能反倒替一些人們製造自以為是天生自然的差異。由於我們在學校裡過度注重孩童的差異，以致我們會忽視已經有研究指出孩子們

的腦部都是以大致相同的方式運作，也有大致相同的潛力。如果我們忽了適用於所有人腦的學習原則，例如強調搭建支架、反饋和練習的重要性，我們等於用人為的方式對我們學生的學業成就設定了差異巨大的標準。

我認為我們的學習理論同時也製造出對學生學業的投入程度有巨大差異的學校。正如我們的學習方式是由普遍性的原則所決定，我們的學習動機也是由一些普遍原則所決定。讓幼兒園學生迫不及待把黑板兩邊的點連在一起，或是讓八年級學生樂於炫耀對看似困難的方程式的駕輕就熟，在他們背後的驅動力與推動大人們航向未知領域、驅策身體忍耐力到達更高水平、或是去推想宇宙新理論的動機並無二致。如果我們想運用這種基本的人類驅力來幫助每個學生學習，我們就需要重新打造我們的動機理論和成就理論，讓它們建立在公平的原則，而不是在差異的原則之上。

動機的科學

丹尼爾・品克（Daniel Pink）在《動機：單純的力量》（*Drive*）一書中，援用幾十年行為科學的研究來架構一個嶄新的動機理論，有助於解釋為何我運用上述的教學方

法會讓學生對學數學變得興致高昂。這本書得到行為科學家們的讚譽，同時也激發許多企業領導重新思考他們激勵員工的方式。品克主張，人們一旦滿足了財務和物質的需求之後，他們主要是由三個深刻而長久的慾望所驅動：他們想要參與有目的或有意義的活動；他們希望所學所做的事能達到熟練的程度；還有，他們想具有自主意識，知道他們正在掌控自己的選擇。[62] 就讓我們來看看這三種驅動力影響學生行為的種種方式。

老師們想要激發學生動機時，他們經常依賴「外在的」獎勵。這些獎勵——可能包了好寶寶的星星、測驗的高分數、或是運動的獎牌——說服學生們更努力、在學校有更好的表現。這類獎勵被稱為外在的，因為它們並不是接受獎勵的人能夠直接掌控的，同時也不是給予獎勵的活動本身所內含、或是活動中直接的產物。

心理學的研究顯示，外在獎勵有時會出現令人意外的非預想結果。在其中一項研究中，研究人員找出一組喜歡自己找時間畫畫的幼兒園孩童，他們沒有任何大人的鼓勵，純粹只是樂在其中。在實驗中，其中一半的孩童會因他們的圖畫而得到獎勵，另一半則沒有。這種處理方式經過幾個星期之後，研究人員發現接受獎勵的孩子們（很不幸的）花在畫圖的時間變少、也不像原本那麼投入了，

至於沒有接受獎勵的孩童則花相同的時間、以同樣的熱情繼續畫畫。在另一個研究裡，心理學家愛德華・德奇（Edward Deci）要求成年人在三次的活動中組合「索馬立方」（Soma puzzle，一種以積木組成特定形狀的遊戲）。其中一組在參與第二次活動可獲得報酬（也只有這次有報酬），結果在第三次組合積木時，投入程度就明顯不如第一次；沒有獲得報酬的那一組則沒有出現動機減低的情況。其他許多情境不同、受試者包含各個年齡層的實驗也都顯示，當某個特定活動需要思考或創意時，外在的獎勵幾乎總是會抑制原本想透過獎勵來鼓勵的行為。

相對於外在鼓勵的活動，給予人們目的感的活動（因為它們本身有意義或有價值），或是讓人們感覺克服挑戰、得到精通和自豪感受的活動，則是出於「內在」的動機。許多研究顯示，人們投入的活動讓他們創造、發現或是體驗到新事物時，會感受到深刻的目的感或是成就感。心理學家愛德華・德奇和理查・瑞安（Richard Ryan）的研究對《動機：單純的力量》一書大有啟發，根據他們的說法，人類有「追尋新奇和挑戰的先天傾向，以擴展和鍛鍊他們的能力，進行探索與學習」。

這些驅力幫忙解釋學生為什麼在我指引他們思考為何某個數學程序有效，或是給他們一系列逐漸增加難度的問

題時，他們會如此專心投入。孩子們喜歡自己去探索新觀念或發現新事物，同時他們也喜歡熟習新的技能和展示超越挑戰的能力。即使是年紀極小的學生身上，我也曾見識過這種追求熟練的強烈熱情，例如我教五、六歲的孩子用數數來算加法。我跟學生說要計算四加三，他們只需要握起拳頭同時說「四」，然後從四開始數，每數一個數字就伸出一根手指頭。

4　5　6　7

要計算 4 ＋ 3，握起拳頭說 4 然後開始數數，
每數一個數字伸出 1 根手指，直到你伸出 3 根手指。

孩子們這樣學會加法之後，會更樂於表現，想從更大的數字開始數。這個方法的一個缺點是，學生們有時候數第一個數字時會伸出大拇指（如此一來他們會多算一個數）。不過一名來自英國的老師跟我說他的解決辦法：他會把這個要相加的數字大聲唸出來，然後假裝把數字丟給一個學生。這個學生必須把數字接進他的手中，然後複誦這個數字，這時他的拇指自然會緊握在掌心裡，並重複這個數字。之後便可以繼續數下去。把數字「接住」會幫助他們記得開始時大拇指要緊握。我已經和數以百計的學生

們玩過這個遊戲了，看著學生接住號碼的興奮表情總讓我感到興味盎然，即使他們沒有做任何加法。他們似乎樂於展示他們能接住越來越大的數字。而且如果他們能學會從它開始數上數，當然就更好。

賓・巴克利（Ben Barkley）是紐約上州一所美國原住民學校的校長，他最近寫了一封電子郵件描述他的一年級學生（還有老師們）對這個遊戲的反應：

這個打造信心的方法對我們的老師非常管用。看到學生的興奮和投入叫人感動，大家印象深刻。一年級的學生用接數字的方式可以做 924 + 4 的計算！孩子們高聲大喊要算到千位數，但是下課時間到了。有一位老師欣喜若狂，足足跟我說了五分鐘。孩子們在椅子上已經快坐不住，他們還想做更多的題目。

梅蘭妮・格林（Melanie Greene）在紐約曼哈頓下東城的一所市區學校教書，她在「學生成就夥伴」（Student Achievement Partners）的網站上發表網誌，描述學習數學帶給她的四年級學生的興奮感。她的學校在 2014 年採用 JUMP 課程後，在全州數學測驗中所獲的進步是全紐約市最大的，學校的測驗分數進步了 32%。要做比較的話，

在 2016 和 2017 年，數學成績進步幅度最大的學校分別進步 15% 和 11%。

我從這些分數中看到的甚至還不是全貌。我的班上出現奇特的現象，我的學生們每天都迫不急待想要上數學課，甚至連班上成績最差的學生也會從座椅上跳起來回答問題。特別讓我難忘的一個學生，她在學期剛開始時大哭，因為數學對她實在太難了，JUMP 課程卻讓她很快進入狀況，並且在那一年在紐約州測驗得到四級分（最高的評等）。一想到她的成績仍會讓我熱淚盈眶。

老師們要學生看重數學課（或任何科目），就必須仔細觀察熟練與內在動機之間的關聯性。期待每個學生都對數學熟練的學校裡，學生得到的訊息是學數學是有價值的，因為他們的老師們會配合大家一起努力，確保每個人都學會數學。在同儕之間這個訊息會更加強化，因為孩子們喜歡熟練精通某個東西，特別當它是大家同時一起達成的。反過來說，如果學校沒有把熟練當成優先要務，學生們遇到困難時，可能在有意無意之間，會做出底下三種結論的其中一種：

一、數學很重要，但是我沒法子學會。

二、數學很重要而我也可以學會，但是沒有人能夠或
　　是想要教我。

三、數學不重要。

這些結論都無助於學生培養學習數學的內在動機，甚
至也無助於發展師生之間的正面關係。沒有資源管道來教
導熟練的老師和他們的學生們一樣受苦，因為他們的師生
關係較不理想，也比較缺少教學的內在動機。

雖然我相信所有學生（除了有嚴重學習障礙的孩子）
都有大致相當的能力來學習和投入數學，但我也知道短期
之內有些學生會有些不一樣的需求。有些學生可能缺少基
礎知識、有行為問題或是對學習有焦慮。學校需要找出方
法給予這些學生額外的支持，給他們額外的時間來熟練基
本技能和概念好趕上進度。

雖然我相信有些學生需要不同形式的支持和教導，但
我也認為老師們教學通常會太過於「有差別待遇」。他們
會把學生做明顯的能力分組，同時依照「動覺的」學習者
或是「視覺的」學習者等分類，而對學生有不同的期待。
他們給予學生「多個入門點」的「低樓層、高天花板問
題」（lowfloor, high-ceiling problems，也就是容易入門，

可有複雜發展的題目），因為他們認為有些學生只能處理簡易的題目，而有人則可以進行非常高階的問題。他們設計的測驗題有的學生無力作答，同時也經常跟學生灌輸觀念——不管是用直截了當或是較隱晦的方式——說每個人是有所不同的。莫若能夠給班上成績的鐘形曲線帶來這麼大的改變，這是因為她讓她所有的學生都感受到，他們可以完成大致上相同的事。

根據心理學家蘇尼亞・盧塔（Suniya Lutlar）的說法，研究顯示「即使一年級的小朋友，也能清楚察覺老師對於學生表現高低的學生所給予的差別對待。」[64] 如果要說學生有先天哪方面的天賦的話，我想天賦是在「低樓層、高天花板」的問題上他們清楚自己位於哪一層樓。如果他們認為自己被降級到最底層，他們腦部運作的效率就會遠不如他們認為自己和其他人一樣，都在最頂樓享受人生那般好。低樓層、高天花板的問題有時候可以對反應快的學生很管用，但是它應該被謹慎使用，不致讓學生們知道自己是在哪一層樓。除此之外，老師也不該滿意於有學生老是待在最底層。

我發現，相對來說，數學是較容易讓學生們一起進行相同進度的科目。因為我的進度按照可掌控的步驟進行，並且確認每個學生都有參與課程所需的先備知識，所有學

生通常都可以跟得上（除非他們程度落後了幾個年級，需要額外時間加強）。我教學時利用加分題給學生們差別待遇——這我等一下會在底下會解釋。由於我的加分題只是對一般題型做點小變化，反應快的學生可以獨力進行，如此一來我可以鼓勵（一開始時）能力較弱的學生更深度投入課程，因為他們知道只要再努力一點，他們也可以處理加分題。我樂於形容 JUMP 課程是因材施教，但又不致造成學習成效不一的教學法。

有些時候老師們不願用較公平的方式教學，因為他們擔心能力較好的學生會吃虧了。不過像莫若這樣的老師已經證明，學生們一起努力可以進步得更多。在不平等的教室裡，一開始能力較好的學生會被同學們拖累，如此一來，他們的進步會比在較平等的教室緩慢許多。同時，認定自己數學不行而出現破壞行為的學生，也可能讓能力較好的學生分心。此外，能力較好的學生如果看到程度較差的學生辛苦理解自己可以輕易掌握的概念，他們往往會開始認為對某件事很擅長，意味著不需要太費工夫。杜維克的研究已經說明，這些學生在學業上可能會有危險。隨著學校課程難度逐漸提高，他們遇到挑戰時很可能就會放棄，因為他們會認為自己的才能已經達到了極限。

能力較好的學生也常因為錯誤理由而激勵他們去學

習。他們會努力去比同儕表現得更好，為的是得到較好的名次或討大人歡喜，而不是因為喜歡學習而學習。因為這些學生只是受到外在獎勵的驅使，與思考的樂趣無關，他們有可能喪失掉思考的動機。他們努力給人正在思考的假象，因為這是他們的老師或父母期待他們做的事。並不是能力較強的學生都會出現這樣的情況，但這是很重大的風險，也可能解釋為何有這麼多在小學數學很好的學生，最後會逐漸失去對這個科目的興趣。

社會學家涂爾幹曾觀察到，人們很少能感受比在團體中體驗共同目的或驚嘆更強烈的興奮。他把這種群眾之間具感染力的美好感受稱之為「集體歡騰」（collective effervescence）。如果我們要以團體方式教學生，我們就應該充分利用這個團體學習的有利優勢。當學生們在同時間構想一個概念或是熟練一項挑戰，他們也有辦法陷入某種集體歡騰。興奮感會讓每個學生感覺數學本身是有趣的，而且是值得一學的。

根據品克的說法，人們不只是由熟練和目的的渴望所驅動；他們也有尋求自主的驅力，他們喜歡感覺他們的活動是自我指引的，並且是在自己的控制下。這給老師們帶來了一個挑戰，因為如我前面所說，研究也顯示學生們要達到熟練，需要相當程度的指導。

幸運的是，熟練的愉悅感似乎足以彌補指導的需求。學生們只要能在熟練挑戰時處於得心應手的狀態，他們就樂於接受老師的引導。而且在老師引導學生的同時，仍可以在許多方面讓學生們感覺到自己是在主導自己的學習。舉例來說，我在給學生評分的時候，我通常會在黑板的一邊寫上幾個我希望每個學生回答的問題（因為無法用別的方式進行）。我告訴他們，假如他們完成這些問題，我會給他們滿分。接著我在黑板的另一邊寫下加分題，然後我告訴學生，這些加分題他們可以想做就做。意外的是，學生們只要能力許可，幾乎都會選擇做加分題。

　　學生們也知道我不會拿他們的評分或測驗分數和其他同學比較，或是讓他們基於恐懼而去努力。他們知道測驗是為了練習，而我也不會在未準備的情況下給他們考試。我會告訴他們，測試是幫助我了解自己是否有把教材教好；如果他們考得不好，那有可能是我的問題。當測驗是抱著每個人都會達到熟練的期待進行，測驗就有了內在驅策的動機：學生把它們看成是展示自己熟練度的機會。我曾有機會連續為一個三年級的班級教了五個星期的課程。在課程結束後，我給了他們遠超過他們年級程度的分數測驗，並給他們至少 30 分鐘來作答。當天沒有上學而錯過這次測驗的學生，還懇求我讓他們寫測驗卷。

我並不是主張不准讓學生學數學時遇到困難。不過學習動機的研究發現,人們在投入具有內在激勵的活動時,他們面對困難任務可以堅持得更久。隨著學生發展處理更困難問題的能力,他們的熟練感成了驅策他們更加努力提升更高層級的良藥。不過,如果學生始終無法達成熟練,他們會陷入惡性循環,每次的失敗都讓他們腦的運作更沒有效率,也讓他們更沒有動機去努力(即便是老師們試圖以外在獎勵或威脅來改變他們的行為)。

　　要幫助學生感受自主意識,老師也可以空出時間讓學生指引自己的活動。JUMP 課程的教材資源包含學生自主學習的遊戲和活動。莫若有時會要求學生挑選可以自己在家進行的課程計畫,比如說,在上完一堂或然率的課之後,她會讓學生自己設計遊戲。但是她的家庭作業絕不會是學生還未了解的主題。她不希望家長督導作業、或是教導學生隔天需要的概念或技巧,而製造出班級裡的不平等。因為她知道有些父母沒有時間或專業來協助他們的孩子做數學。(如果老師們真的要出家庭作業,我建議給學生回家做的是他們已經知道、但是需要練習的材料。)

漸進增加難度的力量

我第一次開始自願教導內城區的班級時，我突然想到可以（或許因為我是寫劇本的）把學生當成是觀眾。如涂爾幹所指出，人們在團體裡體驗相同的想法和情緒、或追蹤同樣的故事，最容易興奮並對事物有強烈感受。在我聽過所有關於教育改革的討論裡，我從未聽過人們談論這種「觀眾效應」。或許這是因為人們很難想像整個班級會對數學興致高昂，或是達到相同的學習成效。

　　當團體中明顯存在學業的階級金字塔，自認不如人的學習者往往放棄努力，於是團體裡很少會出現集體的興奮。不過這讓許多學習者陷入嚴重不利的情況，因為對學習的事物興致高昂時，我們腦部運作得會比較好。

　　大部分老師會發現，要所有學生進行相同挑戰或理解相同概念時，不容易讓學生維持精神在最理想狀態。這是因為學生們有不同程度的背景知識，理解和運算的速度也各自不同。即使我以簡單的步驟教導，一些學生還是不可避免需要多一點時間來練習技巧或確認概念。在這些情況下，我會提供額外的加分問題，如此一來已經熟悉步驟的學生可以獨力練習，而我則專注在那些需要我特別關注的學生。

　　當老師們給能力較強的學生指定額外的練習時，往往

會找一些教科書裡頭或是數學網站裡的問題。因為老師們忙不過來，未必有時間仔細分析這些問題，檢查它們是否包含一些學生們還未學過的新詞彙、技巧或概念。當問題需要一些未教過的先前知識，老師通常得再花時間幫助這些能力較強的學生，而沒時間關注真正需要幫助的學生身上。

在製作加分題的時候，我會小心不讓題目的元素變化太多，或是引介了新的技巧或概念。我出這些題目的目的是為了考驗反應較快的學生，不是為了困住他們。加分題應該讓我能花更多時間在真正需要我幫助的學生上頭，而能力較強的學生則可以獨力運算。經過良好設計的一系列加分題也可以讓原本能力較弱的學生獲得助益：當這些學生看到加分題就在自己能力所及的範圍內，他們會更專注努力好讓自己也能拿到加分題。

底下的例子就是一連串加分題，它能讓反應快的學生持續思考，並提供進度落後的學生加強理解的途徑。在分數裡頭，分數的分母（也就是在下面的數字）告訴你的是一個整體要分成多少片。分子告訴你的是你感興趣的或者你已經選的是多少片。要把兩個分數相加，你會把分子相加，因為你想知道你在兩個分數裡總共選了多少片。但是你不會把分母相加。如果你吃了 1/6 的披薩，然後再吃

1/6 的披薩，你總共吃了 2/6 個披薩。注意，當你用 1/6 加上 1/6 得到 2/6，分母並沒有改變，因為每一片披薩的大小並沒有變化。同樣的，當你拿分數相減，你拿分子相減（因為你取走披薩的片數），但是分母維持不變。

當學生們學會簡單分數的加法和減法，像是 1/3 ＋ 1/3 和 5/8 － 1/8，我會開始在黑板上寫下一系列加分題給想要額外練習的學生。一開始我可能把分母變大：

$$\frac{1}{325} + \frac{3}{325}$$

（令人驚訝的是，年紀小的學生們認為這個問題比 1/4 + 1/4 更難，儘管分母在加法裡並沒有扮演任何角色。當我把分母的數字擴大到幾千甚至幾萬，連五年級學生都會興奮起來。）

我也可能要學生把三個分數相加，或者在問題中結合加法和減法。

$$\frac{1}{7} + \frac{1}{7} + \frac{1}{7} \qquad \frac{3}{10} + \frac{4}{10} - \frac{2}{10}$$

我可能寫錯誤的題目要學生來改正。

$$\frac{2}{11} + \frac{5}{11} = \frac{7}{22}$$

我可能出個代數的問題讓學生填上遺漏的數字。

$$\frac{\square}{13} + \frac{5}{13} = \frac{9}{13} \qquad \frac{12}{17} - \frac{\square}{17} = \frac{6}{17}$$

我甚至會在沒有援引新概念的情況下，鼓勵學生們做跳脫框架的思考。當我要求學生簡化底下的式子，他們多半會抗議，說他們不會處理，因為我還沒有教過他們不同分母的加法。

$$\frac{1}{3} + \frac{1}{4} + \frac{1}{5} + \frac{2}{3} + \frac{3}{4} + \frac{4}{5}$$

我要學生們不要放棄，因為他們已經具有解答這個問題的所有技巧。他們最後將看出他們可以更動式子的順序，把相同分母的數字相加而找出答案。

$$\frac{1}{3} + \frac{1}{4} + \frac{1}{5} + \frac{2}{3} + \frac{3}{4} + \frac{4}{5}$$
$$= \frac{1}{3} + \frac{2}{3} + \frac{1}{4} + \frac{3}{4} + \frac{1}{5} + \frac{4}{5}$$
$$= 1 + 1 + 1$$
$$= 3$$

所有年齡層的學生都喜歡難度漸進的系列問題（就像電玩遊戲一樣），他們也喜歡在同學面前展現能力。也正因為如此，很重要的是一系列加分題裡的第一個問題必須很容易，足以誘使能力最弱的學生進行這個系列的挑戰。如果我能找到最弱學生的入門點，我知道較強的學生最後會隨著全班進度加快而獲益，並且開始享受大家一起做數學。因為學生同時感到興致高昂時腦部運作更有效率，進度加速可能很快就會出現——通常就在一堂課之內。

　　設計一系列問題，每次問題只有一兩個部分變動對老師來說不一定容易。莫若喜歡教數學，而且在她開始使用 JUMP 課程之前就是公認的傑出教師。不過在看過 JUMP 的教師指引後，她說她了解到許多她過去一個步驟教完的概念，事實上牽涉到三到四個步驟，或需要一些她正常情況下不會評估或教導的技巧和知識。JUMP 課程的作者們和我花了很多時間學習如何用細小的步驟來教課，但是即使依靠我們所有的經驗，有時候還是會沒注意到而同時在一個問題裡變動了太多元素。在 JUMP 早期版本的學生教科書裡，我們設計幾個圖表來幫助學生學如何辨識平行線。在每個圖表裡，如下圖所示，有兩條相同長度的線，其中一條直線在另一條線的上方。

　　　　　　　　　　　　　　　數學之前人人平等

過去在我們的習題裡，我們問學生在 A 圖和 B 圖的
兩條線是否平行。

A

　　　　　　　　　───────

　　　　　　　　　　　　───────

B

　　　　　　　　　　───────

　　　　　　　　　　　────────

　　有些學生認為這些線都不是平行線。他們根據書上的
例子，認為平行線必須有相同長度而且必須對齊，因此其
中任一條線兩端都不可以超出另一條線。

　　這個例子說明專家們未必是最好的老師。有的人花很
多時間學習如何確認某個概念實例化的不同形式，卻未必
容易理解這些實例化的形式，在新手眼中有多大的不同。
JUMP 課程的作者們和我認為，在學生課本裡平行線的例
子和問題類似，因為每個例子裡的線段（對我們而言）看
起來都是無限延伸也不會相交的直線。但是一次變動太多

東西，包括線段的長度和方位都不同，我們無意間出了一套在新手眼中彼此極不相像的例題。家長們同樣也該想一下，當他們認為自己的子女刻意表現遲鈍或忽略看似明顯的指示，應該要回想一下對一個新手而言，同時要遵守太多的概念變化是多麼困難的事。

在本章裡，我們審視的學習方式與動機研究，只不過是大量關於教育公平性有重要意義的人類行為研究（包括對焦慮、同理心、以及執行功能的研究）的一小部分。舉例來說，心理學家西恩‧貝洛克（Sian Beilock）和同事們最近的一項研究顯示，相較於異性的教師，年紀小的學生更容易把對數學的焦慮內化於對同性教師的焦慮。[65] 因為大部分小學教師是女性，也因為相當高比例的小學老師有數學恐懼症（這是有具體統計資料），女同學可能比男同學更容易體驗到教師對數學的焦慮帶來的負面效應。如今年紀小的女孩數學表現通常和男生一樣、甚至更好，但是她們對自己的學業程度往往比男孩有更多的負面感受，年紀稍大之後也較不可能主修 STEM（科學、技術、工程、數學）的學科。對焦慮的新研究或許有助解釋這種性別差異，幫助我們找出方法給予男孩與女孩相同的機會去從事數學或是需要數學的領域。

在莫若的班上，男孩與女孩對於數學的成就或熱忱並

沒有明顯的差別。這並不令人意外，正如我所討論到的關於學習的研究顯示，只需稍事努力我們就可以──如果我們真正在意公平性的話──消除對數學學習機會上的落差。

長久以來，人類會在彼此之間看到強烈的差異，即使這些差異不過是虛幻或表面的。美國的奴隸貿易是建立在非洲裔美國人只有相當於兒童智力的信念之上；傳統上父系社會相信女性不適合接受太高程度的教育或是外出工作。多數的不公平都是以同一兩種形式出現：一群比其他人有更多機會的人（如前面的例子裡是男性的白人）獨斷認定其他的人並不渴望擁有同樣的機會，要不就是他們沒有能力從同樣的機會中獲得助益。我們對數學能力的態度綜合了這兩種形式的無知。

認為許多人先天不喜歡數學，這種觀念就和認為許多人沒有能力學會數學的概念一樣，不科學而且有傷害。幸運的是，過去 20 年來，動機的科學已經與學習的科學融合。我們如今知道學習者喜愛熟練，同時──基於演化上的幸運結果──他們最好的學習方法也是透過熟練。在下一章我將進一步論證，包括如高階思維和問題解決的創造力，也可以透過正確的方式予以開發。

第七章 創造力的關鍵

　　在 1980 年代初期，我開始學習寫作劇本時，我總隨身帶著筆記本，好記下我在巴士上、火車裡、或是其他公共場合湊巧聽到的片段對話。有一回在曼哈頓的街頭，我看到一對男女對彼此的情感關係陷入非常激烈（而且公開）的爭吵。我走過這兩人身旁時，其中氣急敗壞的女子對著她的伴侶大喊：「你根本不知道你不想要的是什麼！」我馬上把這句話記在我的筆記本裡（最後也用進我的一個劇本裡），因為我覺得這句話既有趣又充滿啟發性。這個雙重否定的扭曲語法完美捕捉這名女子的挫敗心情。不過它也指出一個我之前從未想過、關於人類體驗的、更深刻的真相。我們總是花很多時間設想人生中想要什麼，但我們可能得花更多時間，而且往往是透過嘗試錯誤的痛苦過程，才不經意發現自己不想要什麼。

　　我劇本裡許多最好的台詞或是場景都是依據我所見所聞，它們若非親身經歷我絕對無法想像出來。年輕時，我以為（就和許多年輕人一樣）藝術家和科學家的靈感全憑

想像，而且這些靈感出現時就已完好成形。不過在成為劇作家和數學家的過程中我學到了，創造力更多時候涉及材料的篩選和組織，而這些材料或多或少出於機緣巧合，得自於你的內在想像或外在世界。如哲學家尼采（Friedrich Nietzsche）的解釋：

　　藝術家的既得利益之一是人們相信啟示的閃光，相信靈感是 ⋯⋯從天而降如恩典的光。實際上，好的藝術家或思想家從想像力持續創造出好的、平庸的和拙劣的東西，但是他訓練有素的判斷力會揚棄、選擇、連結⋯⋯。所有偉大的藝術家和思想家都是偉大的工人，他們不只孜孜不倦的創造，同時也持續不懈的揚棄、篩選、改造、整理秩序。[66]

　　在成為作家和數學家的過程中，我同時也學到了，結構並不是創造力的阻礙；它往往還促成創意。數學家扭轉數學看似嚴謹的規則和定義，創造出令人驚嘆而具原創性的構想，作家也善用媒介的限制（例如古典詩和劇本的嚴格韻腳和節律）來激發想像力、形塑他們的思想。俳句是特別困難的詩歌形式，因為詩人每一行字詞的選擇都有音節數目的嚴格限制。不過我最喜歡的俳句是一名小學生寫

的，他利用這些限制寫成了有趣的作品，它既是自我指涉的詩，也是表達抗議的行動。當他的老師在創作課要他寫一首俳句的功課，他寫出來的是：

這裡五音節
那裡再七音節
滿意了嗎？？

在本章中，我會更進一步探討藝術家與科學家們用來篩選、排列、和改造他們的體驗變成原創的科學理論或藝術作品的技巧與心智習慣。我也會討論創造力與好奇心在各個生活領域追求成功所扮演的更廣泛角色。

數學和創造力

一如研究專業的科學正興起，研究創造力的科學如今也同樣在興起。如尼采所預言，這方面的研究顯示，有創意的人們不是被動等待神啟的靈感火花降臨，而是善於製造（或是收集）大量的想法，並運用他們的專業來選擇其中最可能有成果的想法。他們通常會使用嘗試錯誤的方法

來找到問題的解答，而且他們極端持續不懈。貝多芬有時一個樂句在最後敲定之前，寫過六十次甚至七十次的草稿。「我做了很多改變，然後捨棄、再重新來過，直到我滿意為止。」這位作曲家向友人說：「只有到這時，我才會開始在腦子裡構想它的廣度、長度、高度和深度。」[67]

有高度創造力的人往往有相當寬廣的興趣和嗜好。一項研究發現，大部分的諾貝爾物理獎和化學獎獎得主同時也是有成就的作家、音樂家或藝術家。同時擁有多個領域的專業有助於有創意的人進行跳脫框架的思考，看出表面看似不相關事物之間的類比和關聯。舉例來說，心理學家迪恩‧西蒙頓（Dean Simonton）認為，「伽利略能夠辨識月球上的山丘，可能是源自於他在視覺藝術所受的訓練，特別是使用明暗對照法（chiaroscuro）來描繪光影。」[68]

在《反叛，改變世界的力量》（Originals）一書中，亞當‧格蘭特（Adam Grant）談到一些新的研究認為，有高度創造力的人們往往並非他們本身作品最好的評判者，他們往往把自己較不重要的作品評價得比他們重要的作品還高。不過，他們對其同儕的作品價值則能做出較好的評價（這是其他領域的專家比較不能辦到的）。[69] 有創意的人提高成功機會的一個辦法是持續探索，吸取同儕的專業，來幫他們判斷該把精力專注在什麼地方。

格蘭特說，具高度創造力的人往往從年少聽聞的發明和探險故事得到啟發。一個大規模研究提供故事書會影響創意的有趣證據：在美國，強調原創力成就的童書數量大幅增加（從 1800 年到 1850 年），隨之而來是專利數量的急遽增加（從 1850 年到 1890 年）。父母和教師們可以在孩子們小時候介紹這類故事來培養他們的創造力。我對於藝術和科學的興趣，想必也是受到我小時候閱讀藝術家和科學家的故事所激勵。

創造力和好奇心密切相關。有創造力的人會被驅策找尋新體驗和新知識，也會持續不懈的想要解決他們認為有必要解決的謎團和問題。達文西（Leonardo da Vinci）不只是一個多才多藝有創造力的天才，如藝術史學家肯尼斯‧克拉克（Kenneth Clark）所形容，他也「毫無疑問，是有史以來最好奇的人」。達文西在他的筆記本寫過一段話：

我在鄉間徘徊，找尋令我不解的事物的答案。為什麼貝殼會出現在山頂上，旁邊還伴隨海中常見的珊瑚、植物、與海草的印痕。為什麼雷聲會比它的起源持續更久一點，為什麼一打雷，閃電馬上就出現眼前，而雷聲傳來的時間需要再長一點。為什麼石頭投入水中的點會出現許多同心圓，還有為什麼鳥可以維持在空中飛翔。關於這些問

題以及其他奇怪現象的想法，始終在我腦中盤桓不去。[70]

　　心理學家托德‧卡士丹（Todd Kashdan）和他在喬治梅森大學福祉提升中心的同事們，從過去 40 多年來人們對好奇心的研究發現，有高度好奇心的人似乎有些共同特徵。這些特徵包括：樂於接受和掌控伴隨新奇感而來的焦慮；樂於承受體能的、社會的、和財務上的風險以獲得新體驗；喜歡觀察他人以學習他們的想法或作法；想要填補知識不足的驅力；處於驚嘆狀態的能力；以及在驚嘆狀態中感受愉悅的能力。[71]

　　不難看出，有高度好奇心的科學家和藝術家，更有機會在他們的領域裡得到成功。心理學家也發現，好奇心也能在許多方面提升我們的生活品質。卡士丹說：

　　心理學家對好奇心的眾多好處已整理出可觀的研究資料。好奇心可提升智力；在一項研究裡，三到十一歲有高度好奇心的孩子，他們在智力測驗的分數可以比好奇心較少的同伴們多進步十二分。好奇心也可增強毅力或韌性。光是描述自己充滿好奇的某一天，比起你描述某個非常開心的時光，提振你的身心活力的效果要高出 20%。而且好奇心也會推動我們更加投入、有更卓越表現、找到更有

意義的目標。在心理學第一堂課裡，比較具有好奇心的學生比其他同學更能夠享受課程內容，最終的成績比較高，往後也會選修更多相關的課程。[72]

　　心理學家法蘭西絲卡・吉諾（Francesca Gino）在〈好奇心的商業案例〉（*The Business Case for Curiosity*）中提出了證據說明好奇心對組織、領導和員工帶來的廣泛好處：舉例來說，在好奇的狀態下，我們較不容易落入確認偏誤（confirmation biases）（也就是找尋資訊來確認我們既有的信念，而不是去找尋暗示我們可能有錯的證據），也較不會以刻板印象論斷人（驟然斷定女性或是有色人種無法擔任好的領導）。相反的，好奇心可帶給我們另類的想法。

　　按照吉諾的說法，員工們高度的好奇心可以帶來工作上的創新，降低團體的衝突（好奇心可鼓勵團隊的成員去設想他人的處境，並對彼此的看法產生興趣），並帶來更開放的溝通和更好的團隊表現（有高度好奇心的團體會更開放的分享資訊，並更仔細聆聽他人）。心理學家發現，好奇心的效應也會延伸到更高階層的管理。舉例來說，獵人頭公司億康先達（Egon Zehnder）發現，好奇心是公司衡量各種領導能力最好的預測工具；這些領導能力包括策略定位、合作與影響、團隊領導、更動領導和對市場的理解。[73]

數學之前人人平等

許多人依據他們在學校學習數學的經驗，認定數學是一個嚴謹而枯燥的科目，會抑制好奇心和抹殺創造力。不過數學的進展實際上是由令人驚嘆的想像力所推動。數學對各個年齡的學習者而言，都是培養好奇心的理想工具。

　　人類顯然已經進化到能享受解答謎團和思考問題。60 年前，專門製作和編集難題的亨利・杜登尼（Henry E. Dudeney）觀察到，在各文化和歷史階段人們都展現先天有「提出難題的好奇傾向」。

　　在全世界，數以百萬計的人們花費無數的時間製作和解答各種難題，從填字遊戲到數獨、到桌遊和紙牌遊戲。這種思考和解決問題的「好奇傾向」並非人類所獨有。如心理學家法蘭克・杜蒙（Frank Dumont）指出，猴子會花時間解答難題（包括如走迷宮），不是為了明確的獎勵「純粹只是為了好玩」。[74]

　　解答謎題或問題得到的快樂，無疑有一部分和征服難題感受的熟練感有關。不過要解答一個謎題，你必須彙整或結合線索的訊息來創造新訊息或產生新概念。從心理學到演化生物學，有相當廣泛的研究指出，這個過程本身也是解答謎題的獎勵的一部分。[75] 人類與其他靈長類似乎受原始的驅力所驅使，會尋求新的資訊和降低不確定感。舉例來說，研究顯示，年幼的孩童會組建他們的遊戲以獲取

新資訊，並做出因果的連結。還有，當猴子有兩種不同方式可啟動同一個獎勵（其中一個方式牠們會接收到關於所得獎勵大小的資訊，另一個則否），牠們會一再選擇給予牠們最多資訊的方式。[76]

我們日常生活碰到的謎題多半並不適合培養我們天生的好奇心。題目的設計並未吸引我們去注意解答問題所需要觀察的結構。而且，多數謎題需要太多專門領域的知識或專業，讓一般人難以解答。以我自己來說，出現在如《環球郵報》或是《紐約時報》這類報紙上艱難的填字遊戲就讓我畏懼不前。人們常會失去兒童時期凡事好奇的精神，因為他們在學校裡和在生活上必須應付太多他們未必具備能力解決的問題。不過在數學方面，情況並非如此。數學很容易創造出支架搭建良好的系列挑戰，讓人們從探索發現中體驗樂趣。人們透過解答問題，可以提升好奇心和耐力。

高等的數獨很有挑戰性，不過設計一個簡易版的數獨讓新手玩，並提供他們學會遊戲的方法並不難。底下是由九個三乘三的方格所組成的數獨，其中部分方格已填上個位數字（0 除外）。解題的目標是在方格裡填滿數字，讓每個三乘三的方格、以及每個直排與橫排都包含有 1 到 9 的數字。

底下就是典型的數獨謎題：

5	3			7				
6			1	9	5			
	9	8					6	
8				6				3
4			8		3			1
7				2				6
	6					2	8	
			4	1	9			5
				8			7	9

要讓謎題容易些，又不至抹去它遊戲的基本特徵，一個辦法是使用二乘二的方格（如下圖所示）並要求每個方格、直排和橫排都只包含 1 ～ 4 的數字。

1			4
4	3	2	
	4	1	3
3		4	

	4	2	
2			4
4			1
	3	4	

	4		3
1			
	2		

		4	
3			
	2		2

一個2 x 2，已填上部分答案的謎題，
可協助學習者發展解題的策略。

要幫助一個新手理解規則並發展解答數獨謎題所需的基本策略，老師（或是家長）也可以設計一系列已經填上數字的練習，讓學習者注意謎題裡的重要特徵。

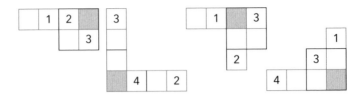

這裡有一些暖身運動的範例可供學生學習如何玩數獨。

　　當然，這個教學方式不單是對個別的謎題有用。所有數學概念都可以透過結構式探問的方式來教導。同時，不論在任何領域，產生創意解答的有效策略，像是運用類比和抽象化等方法，也都可以透過數學習得。

類比的力量

　　產生新概念最有效的一個方法（這在關於天才和天分的通俗文學中很少討論）是類比法。在物理學和數學，過去兩百年來許多重要概念的進展靈感是來自類比。

　　如果你曾經在磁鐵周圍撒上鐵屑，你會看到鐵屑從磁鐵的一端到另一端神奇的排成弧線。物理學家法拉第（Michael Faraday）的實驗為現代電磁學理論奠立基礎，他把這種弧線稱為「力線」。他相信空間裡瀰漫這些線，

而電磁力較弱的區域包含較少的力線。

　　與他同期的許多物理學家都懷疑這個論點。他們較喜歡把空間設想成空無的真空，同時也認為帶電的物體可以相隔一個距離相互影響，無需任何物理媒介的介入。他們宣稱法拉第對數學缺乏足夠了解，沒有資格發展電磁學理論。不過一位愛好數學的物理學家詹姆士・克拉克・馬克士威（James Clark Maxwell）可以提供法拉第的觀念一個適當的理論基礎。他的方法是找出一個類比，利用物理學另一個分支的概念來讓法拉第的理論成立。如麥克士威的傳記作家路易斯・坎伯（Lewis Campbell）和威廉・加奈特（William Garnett）解釋：「以河中的水流為例，麥克士威指出，流線也就是水的粒子流動的路徑，類似於電力線，水的速度類似於力的強度。」[77]

　　把法拉第的力線重新想像成如河中流水裡導引水流力量的無數細管的總和，麥克士威得以利用描述流體行為的數學來導出主宰磁鐵和電流行為的所有重要程式。接著他藉由說明光是在空間裡波動的電磁波（另一個比喻），也得以判定光的速度。這些類比的重要性實在無比重大。如物理學家理查・費曼（Richard Feynman）所說：「從世界史的得長期觀點來看——比如說，從一萬年之後來看——幾乎沒有疑問，19 世紀最重大的事件就是麥克士

威在電磁學定律的發現。」[78]

廣義相對論同樣也是從類比中誕生。有一天愛因斯坦正苦思如何用他的狹義相對論（它解釋的是在排除重力的情況下世界如何運作）來解釋重力，他發現有幾個工人在對街的修理屋頂。他看到有名工人可能會掉下來，而讓他分了心，不過接下來，他形容自己「這輩子最開心的想法」出現了。

愛因斯坦想知道，如果有個人正朝地球表面墜落，而且他是被關在一個沒有窗戶的箱子裡，那麼他是否能判斷他和箱子是在重力影響下墜落。他了解到，一個關在靜止箱子裡的人，所體驗的狀況和在太空無力場的區域中是相同的無重力狀態。兩個觀察者都無法判定他們是在外太空靜止不動，或是在重力加速度的「自由落體」狀態。同樣的，一個人感受自己的腳在箱子底下施壓時，他不會知道箱子究竟是在無重力的太空中往上加速，還是箱子是在重力場中靜止不動。不同區域的箱子所做的比較，讓愛因斯坦知道如何把重力納入相對論之中。

愛因斯坦使用一個不同的類比（他把光束想像成由微小的能量包所組成）來說明麥克士威的光波圖是不完整的。這些光包最後被命名為光子（photon），而愛因斯坦的類比提供量子力學以及光的行為既像粒子又像波這個奇

怪概念的基礎。

　　另一個成為現代物理學重要基礎的數學重大突破也是建立在類比上。在數學中，人類（主要是）透過我們與世界互動所發現的數字稱之為「實數」。整數、分數、和小數都是實數的例子。在實數的系統中，負數的平方根並不合理，因為你將一個實數與自身相乘（不論它本身是正或負），結果必然是個正數。不過在文藝復興時代，數學家們發現如果他們允許負數的平方根存在，他們可以處理一些用其他方法難以解決的方程式。他們把負數平方根的表達式稱為「虛數」或「複數」，因為它們雖然沒有可相對應的實物，但它們仍可以像實數一樣運作。

　　在這個時候你可能會想，為什麼數學家會選擇把這個在實數系統裡不具意義的東西稱為「數」。有個深刻的理由可解釋，何以它是這個奇怪實體的正確名稱。在發展出複數概念時，數學家們創造一個令人驚奇而強大的類比。這個類比改變我們對於一個數字所代表意義的理解。

　　要了解虛數為何值得被稱為數，我們首先來思考，所有數字共通的一些特質。在第二章我們遇到一些古希臘發現的公理，大部分的幾何學可從這些公理推導出來。在1800 年代，數學家開始找尋一組公理來提供數論的類似

基礎。他們很快發了一些簡單的性質，可以導出所有其他關於數的性質。其中一個性質稱為加法的「交換律」。如果你把兩個實數相加，不論兩個數的順序前後如何，你的答案都是一樣：3加4等於4加3。數的乘法也具交換性質。定義實數的性質就是這麼簡單。

1800 年代中期，愛爾蘭數學家威廉·哈密頓（William Hamilton）提出一個看待虛數的方式，讓我們更容易看出它們與實數之間的相似性。他放棄負數平方根的表示方法，並說每個虛數都應該用有序的數對來表示，就和一般在網格上寫座標的方式一樣。在哈密頓的註記法裡面，（1, 5）和（2, 3）是虛數的例子。哈密頓也定義這些數字相加和相乘的方法。把兩個虛數相加，你只需把第一個位置的數彼此相加、第二個位置的數彼此相加。舉例來說：

$$(1, 5) + (2, 3)$$

$$= (1 + 2, 3 + 5)$$

$$= (3, 8)$$

虛數的乘法規則不像加法這麼簡單：它用有點複雜的方式把第一位的數與第二位的數混在一起，我在附錄中會說明這些規則：

$$(1, 5) \times (2, 3)$$

$$= (-13, 13)$$

　　　　　　　　　　　　　數學之前人人平等

很容易可以看出來，虛數在加法的交換律成立，就和實數一樣。

$$(1, 5) + (2, 3)$$
$$= (1 + 2, 5 + 3)$$
$$= (2 + 1, 3 + 5)$$
$$= (2, 3) + (1, 5)$$

在上面的式子裡，第一個等號根據虛數加法的定義而成立，第二等號根據普通數字的加法交換律而成立，第三個等號基於虛數加法定義成立。在附錄裡，你可以看到虛數的乘法也存在交換律。

不難證明，虛數滿足所有實數相同的基本性質，而且由於虛數在代數上與實數並沒有區別，可以使用於同樣的目的。比如說，我們也可以用虛數來做微積分。不過我們的微積分用到虛數時，會出現一些奇妙的事。在很多處理實數非常困難的計算和證明上，一遇到虛數就變得平凡簡單。

我們在實體世界經驗的數，也就是實數，是虛數的一個子集合。或者更準確來說，實數不過就是第二位是零的虛數。舉例來說，數字 3 和 4 不過是數字（3，0）和（4，0）不同方式的標注法。當我們把（3，0）和（4，0）相加，得到的是（7，0）也就是 7。正常而言當兩個虛數相乘的

時候，第一位和第二位的數字會混合在一起，不過當兩個虛數的第二位都是零時這種情況不會發生。當我們是用虛數乘法規則來計算（3, 0）乘以（4, 0）我們得到（12, 0），也就是 12。實數實際上可說是一個 2D 的數字系統中一維的切片或者說子集合。

虛數讓許多現代物理學的計算得以可能。不過這還不是它們真正神奇之處。即使我們生活上從沒有遭遇過虛數，實際上主宰宇宙運作的是虛數而非實數。舉例來說，如果我們要預測電子流在一個磁場會如何運作，你只有靠使用虛數來計算或然率才能得到正確的結構。

每當我想到建構宇宙背後的數字並非透過經驗或實驗，而是純粹透過思考而得到，總讓我忍不住驚嘆。運用類比的思維，數學家們把數字的概念延伸到我們從未直接實際經驗的抽象實體，而這些抽象實體卻支撐起整個現實。對我而言，這是人類才智卓越的最佳例證之一。

要進一步解鎖人類天分的潛能，我相信我們必須在兩方面破除關於智力才能的迷思。首先，我們要放棄一般人無法理解數學和科學最深邃美好的概念的這種想法。物理系的大學生如今對相對論的某些觀點有比愛因斯坦更加深刻的理解。在本書中我討論過的研究也指出，基本上任何

人都可以學會研讀大學物理學所需的數學。

愛因斯坦的天才，並不是在於他有其他人腦力無法理解的概念。他之所以是天才是因為他發現了這些概念。不過即使我們明白這一點，我們還需要進一步破解關於天才這個概念的迷思。我們同時也要拋棄一般人無法做出有趣或有用的發現的想法。當然，要期待每個人都做出如本章提到的那些改變世界的發現並不合理。不過認知科學的研究認為，即使是運用類比這類最高形式的思維，也可以透過訓練和練習而學會。

遺憾的是，研究同時也指出，除非接受過訓練，人們並不是非常擅長於自然而然就看出或是運用類比。這正是愛因斯坦這類的天才如此難得的原因。心理學家瑪麗・吉克（Mary Gick）和凱斯・赫利歐克（Keith Holyoak）在1980年進行一項經典的實驗，說明人們往往會對問題的答案視而不見，即使包含解答的類比就在近在他們眼前。[79]

在這個實驗中，研究人員要求受試者嘗試解答底下的問題，它是根據真實醫療情境設計的題目。一名病患罹患無法手術的腫瘤，幸運的是醫生有一種可消滅腫瘤的雷射，不過遺憾的是這個雷射也會破壞健康的組織，除非施用的劑量是低到無法摧毀腫瘤的程度。

在提出問題之前，一部分的受試者閱讀底下的故事：

一個小國家由一座堅固碉堡裡的獨裁者所統治。碉堡位在國家的正中央，周邊圍繞著農地和村莊。許多道路從鄉間通向碉堡。一名反叛的將軍決心攻下碉堡。這名將軍知道由他全部的部隊發動一次攻擊將可攻下碉堡。他在道路的一頭聚集部隊，準備發動全面、直接的攻擊。不過，將軍隨後得知這個獨裁者已經在每條道路埋下地雷。地雷的埋設限制只有小部隊的人能安全通過，因為獨裁者本身也需要移動他的部隊和工人進出碉堡。然而，當大規模的部隊通過時則會引爆地雷。這不僅會炸毀道路，同時也會摧毀許多鄰近的村莊。因此要攻陷碉堡似乎已無可能。不過，這個將軍設計一個簡單的計畫。他把部隊分成一些小隊，把每個小隊都派遣到不同道路的另一頭。當所有部隊準備就緒他就發號施令，要每個小隊從不同的道路前進。每個小隊都朝著碉堡的方向前進，於是所有部隊可以在相同時間到達碉堡。如此一來，將軍攻下了碉堡並推翻獨裁者。

　　儘管這個故事包含了問題的解答──以類比的方式表現──閱讀過這個故事的受試者只有 30% 能做出解答。不過，如果受試者得到暗示說這個故事可能有助解答問題（不過沒直接提到類比），答題的成功率就提高到超過 90%。幾乎所有得到提示的受試者都看出醫生可以用小劑

量在同時間從不同方向實施放射來消滅腫瘤。這個實驗結果（接受導引進行類比的學生表現優於未接受指引的學生）在許多領域的多項實驗裡都能成功複製。

根據類比推論（analogical reasoning）先驅研究者之一戴德勒・根特納（Dedre Gentner）的說法，所謂類比是從一個知識領域（心理學家稱之為「來源」）對另一個知識領域（稱之為「目標」）進行對比。在一個類比當中，在兩個領域裡扮演相似角色的物件彼此進行對比。對比的物件不一定要彼此相像，只需在各自領域扮演項類似的功能。[80]

類比是解決問題的強大工具，因為它們揭露兩個領域在結構上的關係，它與在這些關係中具體代表的物件無關。科學家們經常使用類比把知識從一個領域應用到另一個領域裡，即使這兩個領域研究的對象彼此似乎沒有共通之處。類比同時也經常被教師們用來幫助學生理解新概念。

根特納解釋，老師或許可以透過太陽系和原子的類比，協助學生理解原子。

在這個例子裡，太陽系代表的是學生已經熟悉的領域（來源），而原子代表學生正要學習的領域（目標）。要讓學生從這個類比中領會並學習，必須讓他們先不考慮來

源與目標之間的表面差異，而去注意底層在兩個領域之間相同的關係結構——以這個例子來說，行星繞著太陽公轉的事實，可以類比成電子圍繞著原子的核心旋轉。[81]

　　不管大人或小孩，運用類比解答問題都可能遇到麻煩，因為他們往往不容易看出兩個領域共同的結構，或是將來源的物件與目標中相對應的物件做比對，尤其是當他們受到兩個領域的物件表面的特徵所誤導時。比如說，小孩子往往過度專注在看起相似的物件，而不管它們在來源和目標所扮演的角色。在一項實驗中，發給四歲的小朋友兩張卡片，每張上面有一個大的物件和一個小的物件。接下來再發給他們一張原本卡片中的兩個大物件，以及另一張是一大一小的新物件。當小朋友被問到哪一張卡片可以配合前面的那一組卡片，幾乎每個小朋友都選了有兩個大物件的卡片，而不是顯示了大小關係的卡片。

　　過去 20 年來，心理學家們發現了許多有效的方法來幫助人們更加擅長看出類比。比如說，研究顯示，當我們對學習者提出問題前，事先要求他們描述兩個可相類比的內容之間的相似處，他們在知識轉移的任務表現明顯會更好。在一項研究中，根特納和她的同事們發現「把兩個協商情境相互比較的商學院學生，比起個別研究兩個相同情

境的學生有多兩倍的機會，能把談判策略轉移到可相類比的協商情境」。

這個實驗結果在廣泛領域都得到複製。其他研究顯示，類比推論可透過視覺提示來提升。有效的方法包括：同時間呈現來源和目標而不分先後順序、凸顯來源與目標的相對應元素以及使用手勢。

里奇蘭（Richland）與麥克多諾（McDonough）（2010）提供大學部學生排列組合問題的例題並配合視覺的提示，例如在問題之間來回做手勢以及保持例題的完整視圖，另一組在比較時則沒有配合使用視覺的提示。配合視覺提示來學習的學生更可能成功處理困難的轉換問題。[82]

研究也顯示，搭建支架良好的比較任務以及對內容的變更數量做限制，可以讓學生得到最好的成效。舉例來說，要求學生比較一個代數問題正確或錯誤的解答時，例題除了單一、關鍵的差異之外，其他條件彼此相似，這種情況下學生的學習最為有效。在〈教室裡的類比推論：來自認知科學的洞見〉（*Analogical Reasoning in the Classroom: Insights from Cognitive Science*）中，心理學家麥可·溫德提（Michael Vendetti）和同事們提出更多可供教師協助學生

看出並運用類比的策略。[83]

研究人員表示，學生們透過訓練可以明顯提升他們在許多類比問題上的表現，包括重要的成就測驗（例如美國大學入學用到的 SAT 考試）和智力測驗會出現的題目類型。學習者被引導做比較後，解答問題的能力會出現驚人的提升，這代表類比推論並非先天上很困難，但是它比較依賴學習者的背景知識和思考習慣。

由於我本身的文學訓練，即使在外表看似不同或不相關的領域間，我習慣上還是會去找尋相似性或類比。舉例來說，對數學的不同分支裡兩個看起來非常相似的方程式做比較。一個來自我在博士班研究的領域，另一個來自我隨意從圖書館的書架上抽出的書——結果帶出了我在數學上的第一項發現。我同時也使用我從哲學家維根斯坦身上學到的提問方法，它問的是某個特定的概念究竟是必要的，抑或是歷史或文化上的偶然。它幫助我看出概念所隱含的結構、關係以及預設。我相信數學家和科學家可從藝術的訓練得到好處（反之亦然），因為能從不同領域中看出類比的人，可能對看不見的結構關係與暗藏的相似性有有更強大的感知力。

抽象的力量

　　數學大多數的類比涉及某種抽象形式。在第二章中，我提到過去 200 年來數學的進展，是因為數學家學會用越來越抽象的方式來看待數字和圖形這類熟悉的數學實體。在 1854 年，一封寄到英國文學雜誌的信中提到的問題，激發數學一個最意想不到的進展。這封信的作者只以他的姓名縮寫 F. G. 署名，他的問題是，是否存在最少的顏色數量可為任何地圖著色，不論地圖上有多少國家或它們如何安排，兩個相鄰的國家都不致有相同的顏色。雖然這個問題看起來並不起眼，但實際上卻非常難以解答。大部分數學家認為四種顏色就足夠為任何地圖著色，不過，就如歐幾里德的第五公理一樣，這個猜想導致許多錯誤的證明。在 1976 年，兩名數學家肯尼斯・艾波（Kenneth Appel）與沃夫岡・哈肯（Wolfgang Haken）終於證明這個猜想為真。他們的論文長達一千多頁，而且部分證明太過於複雜只能透過電腦來檢查。

　　在 F. G. 的問題出現在期刊上之後不久，數學家們就看出一個數學已知的（不過在這之前實用性未經證實的）結構可以用來代表地圖。這個表達形式稱為「圖」（graph），它比地圖更加抽象，因為它省去所有地圖上

與著色問題不相關的其他特徵——例如某個區域的大小或是一個邊界的輪廓。

在純數學裡的圖，比起你在新聞裡常見如經濟表現這類的圖要再簡單一些。經濟學家用來表達供需的圖表只有水平和垂直的軸，以及代表各種數量的線，而純數學的圖則只是一些小圓點和連結點的線。下頁圖中的右邊是一個圖。小圓點稱為「頂點」（vertices）而頂點之間的線稱為「邊」（edges）。在這個例子中，圖中的頂點標示顏色（R 代表紅色，G 代表綠色，諸如此類）因為這個圖是要代表左邊的地圖；一般情況下頂點並不會加標示。

如果你想體會一下發現數學的類比是什麼感覺，你可以試著設想在地圖（來源）的哪些元素是由圖（目標）的頂點所代表，以及地圖上的什麼關係是由圖的邊所代表。在你往下讀之前不妨先試試看。

當你在比較這兩個圖像時，希望你有看出圖的每個頂點代表著地圖上的一個國家。兩個頂點由一個邊相連若且唯若這兩個頂點代表的國家有相鄰的邊界。在上圖，圖疊放在地圖上讓來源與目標的相關性可以看得更清楚。在代表地圖的圖上，著色問題簡化成了，你需要多少顏色來為頂點著色，才能讓有邊相連的頂點顏色不同。

四色問題是數學不合理有效性的絕佳例子。為了解答

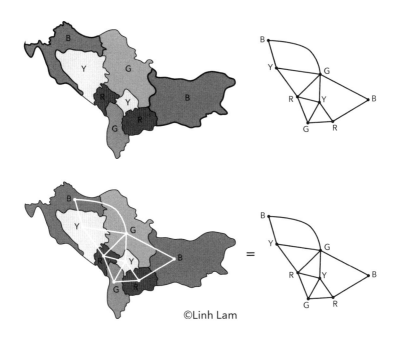

©Linh Lam

這個問題，數學家發展出大量的概念，這些概念在商業和
科學的每個領域裡都可以找到應用。由於圖是如此抽象，
它們幾乎可以用來代表任何東西，包括航空飛機排班（頂
點代表城市，而邊則是連接城市的路線）、社群網絡（頂
點是人，而邊顯示彼此是朋友）、電腦的迴路（頂點是邏
輯閘，而邊是線路）、或是神經網絡（頂點是神經元，而
邊是神經元之間的化學通道）。圖甚至可以用來代表抽象
代數裡或是物理學家用來發現自然界基本粒子的「群」
（邊代表代數元素中的相乘關係）。在 1970 年代，電腦

科學家史蒂芬・庫克（Stephen Cook）、里歐尼德・列文
（Leonid Levin）和理查・卡普（Richard Karp）證明電算
科學中一類重要的問題——它在商業界經常會出現，當
有人需要找出流程安排最有效的方法或是要為數據加密
時——都可簡化成圖的著色問題。如果有人能很快找到為
一個隨機的圖著色的方法，那麼全世界的銀行密碼都可能
被破解。

在數學裡，像圖這種抽象心智圖像是得到發現和解答
問題的強大工具。能夠發展出這種圖像的學生不需太費力
就能夠解答範圍廣泛、甚至看起來並不相關的問題。舉例
來說，一個簡單的視覺工具可幫助學生解答底下這個數學
競賽級的問題。

如果每個縱列延伸下去，218這個數字會出現在哪一列？

A	B	C	D
4	6	8	10
7	10	13	16
10	14	18	22
13	18	23	28
⋮	⋮	⋮	⋮

學生們通常會覺得，這個問題比我在第四章出的字母問題還更有挑戰性（除非他們有很多時間，可以只靠蠻力寫下每個數列的數字直到答案出現為止）。不過專家級的解題者可以利用心智圖像在幾秒鐘內做出解答。

如果你仔細看問題，你會發現每個縱列的數列都是等量增加。這類型的數列，每一項是前一項加上或減去固定數字的情況，在數學裡隨處可見，包括你在高中就背過的函數表也是，如下圖所示。

x	y
1	7
2	10
3	13
4	16

在國中、高中，學生通常會利用公式解答數列的問題。不過很多學生即使能正確使用公式，也未必明白公式為何有效。他們可能無法延伸公式，或把它應用在新的情況（在他們學習的情境脈絡之外）。不過，我發現當我教學生們把數列設想成數線，他們往往可以靠自己發展出公式，甚至不用公式就可以解答問題。

數線是解答問題的強大工具，因為它們是抽象的（和圖一樣）。雖然數線在我們社會裡無處不在（比如像美式足球場上的格線），但那些是文化的產物。沒有人在自然界會遇到一條數線。在最近的研究中，人類學家要原始部落的成員把數字放在一條數線上，結果發現部落居民會以等距離安插小的數字，但是一到較大的數字間距就變小。雖然上面的題目——如果每個縱列往下延伸，218 這數字會出現在哪一列？——看起來似乎和數線沒有任何關係，只要學生能設想數列上的數字，他們不靠代數就能解答。

　　在 A 列的數字（4, 7, 10, 13 , , ,）每次增加 3。如果我反覆增加 3 這個數字，我可以創造另一個數列（3, 6, 9, 12 . . .），只要你學會乘法表就不難看出來。這些數字叫做三的「倍數」，是你數數時三個一數會得到的數字。（注意：0 也是 3 的倍數，不過為了避免不必要的囉嗦，這裡我會把數字 3 當成「第一個 3 的倍數」，而不是用正確的措辭「0 以外的第一個 3 的倍數」。）

　　如果你把 3 的倍數和數列 A 的數字如下圖所示放在同一條數線上，你會發現兩個數列彼此並行。第一個 3 的倍數（3）和數列 A 的第一項（比 3 多 1）的距離，和第二個 3 的倍數和數列 A 第二項（也是多 1）的距離是固定等距，以此類推。

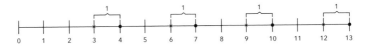

數列 A 以點排列。
3 的倍數以 X 排列。
數列的各項距離都是 1。

　　如果我要你找出數列 A 第 50 項的值，你可能要寫出數列的前 50 項來回答我的問題。不過，如果我要你告訴我第 50 個 3 的倍數的值，你可以簡單用 3×50 就知道答案（答案是 150）。3 的倍數要比處理數列 A 容易多了。不過，由於兩個數列是有相關的，我可以用 3 的倍數問題的答案，來回答數列 A 的問題。數列 A 的每一項，比 3 倍數的數列的對應項多 1，所以我知道數列 A 第 50 項是比 3 的 50 倍多 1。因此數列 A 的第 50 項是 150 + 1，也就是 151。同樣道理，數列 A 的第 11 項會是 3 x 11 + 1 = 34。

　　利用數線很容易看出數列 A 的每一項比 3 的倍數多 1。不過這也代表你用數列 A 的任何一個數字除以 3，你的餘數必是 1。例如在數列 A 裡有 34 這個數字。等式 34 = 3 x 11 + 1，代表你把 34 區分成以 3 為單位的群組，你會得到 11 個組並留下 1。同樣的，等式 151 = 3 x 50 + 1，意味著你如果把 151 分成以 3 為單位的群組，你會得到 50 個組，剩下的餘數為 1。所以我現在可以知道，218 這

個數字不會出現上題中的 A 縱列，因為我用 218 除以 3 得到的餘數是 2。

我可以用這個方法檢查每個縱列來解出答案。在縱列 B 的數字（6, 10, 14, 18 . . .）每次增加 4。如果我如下圖 所示，把四的倍數和數列 B 放在數線上，我可以看出在 數列 B 的每個數字比 4 的倍數的對應項多 2。

數列 B 以點排列。
4 的倍數以 X 排列。
數列的各項距離都是 2。

於是我知道，我用數列 B 的任何一項除以 4，我都會 得到餘數 2。反過來說，我同樣也知道如果我用 4 除一個 數字得到餘數 2，這個數字就會在數列 B 上。如果我用 218 除以 4，我得到餘數是 2 ——所以我已經解出答案了， 因為我知道 218 是在 B 縱列上面。（譯註：根據同樣道理， 218 除以 5 的餘數是 3，因此 218 也在 C 縱列上。）

如果給學生時間去探索數線上的數列，並引導他們看 出這類的關係，他們就可以把自己發展的心智圖像應用在 範圍廣泛的問題上。為了幫助學生發展這類心智圖像， JUMP 課程設計一些進階的解題課程，你都可以在 JUMP

　　　　　　　　　　　　　　　數學之前人人平等

Math 的網站上找到。從三年級到八年級的八十個課程，有教導學生們進行高階解題（或是做數學研究！）所需的各種策略。

為了幫助學生成為更有能力和創意的解題者，每個階段的老師都必須理解抽象在數學中的角色。學生們能使用抽象心智圖像——例如圖和數線——看出不同領域問題的深層結構，比其他只能看到問題表面細節的學生有更大的優勢。即使年紀較小的學習者，亦可從抽象化概念獲得助益。

有些老師不願意過度引導年紀小的學生去學習，因為他們認定孩童可以透過玩「具體材料」（積木、玩具、量尺等等）自然而然學會數學概念。不過研究顯示，這個觀點過於簡化。學生當然可以從玩具體物件中獲益，但要他們看出物件所寓含的數學通常需要協助。除此之外，具體的材料有時似乎會阻礙學習。在最近的一項研究中，一組學生被教導使用類似真鈔的玩具鈔票來解答問題，另一組學生則提供較抽象的錢（上面印了數字的長方形紙條）。[84] 使用玩具鈔票的那一組學生在答題時錯誤較多。在第三章曾介紹過的卡明斯基，在一項研究中發現到一年級的孩童用灰色和白色的圓圈來學習分數的概念，比起用物件的圖片（例如著上不同顏色花瓣的花朵）學習得更好。

這些研究發現對成人也同樣適用。在〈抽象教學法對學習數學的好處〉（The Advantages of Abstract Instruction in Learning Math）中，卡明斯基與共同作者們發現，如果教導大學生概念時使用的是抽象圖像（字母）而不是具體圖像（量杯），他們在面臨新狀況時更能正確運用數學概念。

儘管有這項發現，不過對於具體材料的研究則是結果不一。許多研究顯示具體材料（以及「感知上豐富的」圖像），可能讓學生無法把概念通則化或是把某一類型問題的知識轉移到另一個類型的問題，不過一些研究則發現，具體材料有助學生把數學連接到他們「現實世界」裡的體驗。（在玩具鈔票的實驗裡，使用玩具鈔票的學生錯誤較多，但是他們概念性的錯誤比例較低。）如今大部分研究人員建議老師，在介紹概念時使用簡單的實體模型或圖像（避免使用容易令人分心的教材），同時要讓圖像的呈現逐步抽象化——如第四章裡我使用積木和紙袋的方式。

我進行 JUMP 課程曾遇到的數以百計的教師當中，只有少數人聽說過抽象化的相關研究。我們應該不厭其煩的強調讓老師們掌握這類資訊的重要性。在課堂裡所有可變或可控制因素當中（學生數的多少、教學科技的運用等等），老師的影響重要性遠勝於其他因素。偉大的老師對學生的人生有非比尋常的影響。舉例來說，拉吉・切提

（Raj Chetty）、約翰·佛萊曼（John Friedman）和喬納·洛克夫（Jonah Rockoff）使用超過百萬個學童的學區和稅務資料，研究最能提升學生測驗分數的「高附加價值」教師對學生的長期性影響。他們發現受教於這些老師的學生們「比較有機會上大學、得到較高的薪資、未成年懷孕生子的機率也較低。把附加價值最低的 5% 的老師替換成平均值的老師，學生終生收入的總值平均每一班可以增加 25 萬美元。」[85]

幾乎所有我認識的老師都希望成為更好的老師，想幫助他們的學生出人頭地。不過即使懷著這種強烈動機的老師，如果必須使用的是會更加鞏固學能階層（academic hierarchies）的教學法，他們要達成這些目標也會遇到困難。與其找方法替換「低價值」的老師，提供所有的老師有嚴謹證據支持的資源和專業發展方法，可以讓學區得到更多成長。如果能協助老師們，讓抽象化、搭建支架、題型變化、結構、熟練法、類比法、以及領域相關知識的研究落實在他們的課堂上，老師們的人生、還有他們的學生的人生將可以得到難以想像的提升。在美國，超過 50% 的教師在工作的前五年就選擇離開教職，部分原因是他們在大學以及他們教學學區接受的訓練，並沒有給予他們應付課堂挑戰所需要的工具。 對教學學區與教育機關而言

很重要的是，要聘用理解這些研究的訓練和指導人員，來幫助教師們發揮自己的潛能，在工作上表現卓越。

創造激發創造力的條件

我教過一名高中生亞倫，他是個聰明的孩子，同時也是我遇過最難教的學生。多年來受數學所苦的他，發展出對這個科目的憎惡，他不願花多餘的工夫，只求考試勉強及格。由於他擅長爭辯又有尖酸辛辣的幽默感，每次只要我一提到如果他把聰明才智拿來學數學，他的人生會變得多美好，他總能俏皮的回嘴。在一次測驗中，問題是一個方程式的數字改變後，圖中拋物線會朝那個方向移動多少，他每個問題都做出爆笑的評論。對其中一個問題他如此寫道：

究竟前者是會改變還是不會，這一點我不知道。至於後者，或許會往下移動直到紙頁的底下。我猜你能要求的就這麼多了。對這檔事——我指的是數學——有興趣的人應該會對這虛幻的向下移動感到著迷。不過，我倒不覺得它夠吸引人。

另一題的旁邊，他寫著：

第一個一動也不動。第二個被拉長了 0.1 然後往上，上升到歷代數學家們為它打造的不安穩的擬真實世界。

　　為亞倫上課我總是帶著混雜的情緒。如果我能說服他學好數學，我想他可以運用他的聰明才智和創造力做出有意思的事。但是他的叛逆精神令我印象深刻，他在測驗題寫的評論足以抵銷他帶給我教學上的頭痛。在理想的教育制度下，我希望像亞倫這樣的學生可以維持他們不因襲傳統的觀點和獨立精神，同時又願意做出讓天分充分發揮所需的努力。（我猜你能要求的就這麼多了。）

　　在流行文化裡，特立獨行的人往往被形容成性格不同於常人的特異分子。他們是叛逆者，願意冒極大的風險，也不在意其他人對他的看法。不過根據格蘭特的說法，在藝術、科學、政治和企業界有原創性的人，和一般人比起來並沒較喜歡身陷危險，或是對別人的意見較遲鈍無感。[86] 舉例來說，對創業者的全面性研究顯示，不在乎要討好他人的人不一定更容易成為創業家，同時他們的公司也不見得會表現得更好。同樣的情況在政治上也是一樣。

偉大的領導人能夠挑戰現況，鼓動全面性的變革來改善世界，不過這些行為與他們是否非常在意民眾支持並不相關。在大部分情況下，非凡的領導者會成為改革的執行者，往往是因時代的環境背景所推動。

格蘭特認為，原創性並不是固定不變的性格特徵，它是一種自由選擇。他的研究認為，教育者和公司經營者可以在學校和職場創造條件，幫助人們發展主體感（sense of agency），做出更有企圖心、更有創意的選擇。在一項實驗裡，格蘭特和一個研究團隊鼓勵一組隨機從 Google 公司選出的員工更有彈性的評估自己的工作，並提出建議要如何量身改造他們的工作以符合本身的技能、興趣和價值觀。這一組的員工和未被鼓勵彈性調整工作的員工比較起來，在工作表現和快樂程度有明顯的提升。當研究人員在實驗中增加一個新元素，鼓勵員工們更有彈性的看待自己的工作和技能，提升的效果持續了六個月。實驗組裡的員工「比起同儕多出 70% 的機率得到晉升，或是轉任他們渴望的角色。」[87]

我們在上一章所見的動機研究認為，學校提供外在獎勵而非內在獎勵，以及把競爭當成創造的一部分，會扼殺學生的創造力。父母也可以扮演培養孩童獨立精神和原創力的重要角色。在一項研究中，社會學家山謬·歐里納

（Samuel Oliner）和佩爾・歐里納（Pearl Oliner）訪問在納粹大屠殺期間冒生命危險拯救猶太人的非猶太人。他們比較這些人與另一組沒有對猶太人伸出援手的鄰居們在家庭養成方式上的差別。研究揭示，「救援者的差別在於他們父母規訓不良行為和讚美良好行為的方式」。這些救援者的父母明顯較常使用「論述道理」的方式來改變他們孩童的行為。兩位作者發現：

> 援助者的父母們最大的不同是依靠論述道理、解釋、提議矯正不良行為的方式、說服和建議 ...。講道理傳達了尊重 ...。這意味著只要孩童了解的更多，他們就不會做出不適當的行為。這標誌著對聆聽者的尊重，表明對他們理解、發展和提昇能力的信念。[88]

整體而言，父母是用說理的方式，強調人格與道德的重要性，比起使用嚴格規定來指引行為，更能培養有創造力的孩童。

我所提出的只是社會學家和心理學家在研究創造力所得洞見的一小部分樣本。這些研究，加上我們稍早提到關於刻意練習、記憶與動機學習的研究，讓我對未來充滿了希望。學校與企業如今有許多有證據支持的工具，可幫助

人們做更有效的學習和更有創意的思考。不過除非我們能改進依證據來理解和考量決策的方式，否則這些工具對我們社會的影響仍相當有限。近來心理學和神經科學的研究，揭示我們有巨大的智識潛能——遺憾的是，這些研究也發現，腦中的諸多系統會導致人們經常忽略基本的邏輯原則，因此受刻板印象與偏見所左右，做出違反本身利益的行為。我在下一章將會解釋，數學可以幫助我們超越這些系統，讓我們的思考與行為更加理性，並充分運用我們的巨大能力來學習和創新。

第八章 極度平等

　　我們如今生活的時代裡，即使數字的規模出現極小的變動——從金錢借貸的成本、或是某個家用品成分的濃度——都可能產生影響到全世界的連鎖效應。這可從最近科學家發現北美和歐洲銷售的化妝品和肥皂所含的的塑膠微粒出現在北極魚類體內得到印證。由於我們的生活越來越受到數字的主宰，加上數字條碼和演算法不間斷的追蹤我們的偏好、啟動我們的裝置、管理我們的交易，我們再也經不起對數學一無所知。

　　可惜我們腦的演進，並未能解決我們數學想法所創造的這些問題。當史前祖先面臨危難的狀況，例如一匹貪婪飢餓的狼，他們幾乎沒有時間衡量所有可能逃脫威脅的方法。於是他們的腦發展一些偏見和策略法則（思考法則），來限定在行動之前的腦力思考。在此同時，他們的腦也發展一個初步的空間和數字感，神奇的給予他們理解最深度數學的能力。（回想一下，在第三章裡數學家進行數學運算時啟動他們腦中較原始的部位。）這個空間與數

字的基本認識已足以讓他們的後代子孫創造出巨大破壞力的科技。這個演化上不幸的弔詭——我們的腦發展理解數學的能力，但是不傾向於使用數學（或推理）來指引我們思考——是人類在物種發展上最大的障礙之一。

在本書中，我主張人類往往大大低估他們真正的智力潛能，尤其是在數學方面。但是心理學的研究也告訴我們，我們往往也高估我們的理性，或是願意使用邏輯和證據來指引我們做決定的程度。要了解我們身為學習者和思考者的全部潛能，我們必須先理解大腦在先天的限制和力量。

心理學家凱斯・史坦諾維奇 （Keith Stanovich） 曾花數十年時間研究人們思考的方式，他把「理性障礙」（dysrationalia） 定義為：儘管具備足夠智力、卻缺乏理性思考與行為的能力。[89] 史坦諾維奇與其他研究者發現，即使是高智力且教育良好的人，也常會陷入某種理性障礙，而容易落入各種形式的認知僵化、信念固著、確認偏誤（忽略與既有信念相矛盾的證據）、過度自信、以及對不一致性不敏感。[90]

依據史坦諾維奇的說法，我們都是「認知的吝嗇鬼」（cognitive misers），想方設法避免做太多思考。[91] 面對需要仔細考慮多種可能情境或解答的問題，我們往往太過

倉促想抓住一個答案。在史坦諾維奇的一個實驗中，我們天生心智的惰性解釋為何有超過 80% 的受試者無法正確回答底下的問題：[92]

傑克正看著安妮，但安妮正看著喬治。傑克已婚而喬治未婚，是否有個已婚者正看著一位未婚者？

是　否　無法判定

由於這個問題並沒有告訴我們安妮究竟已婚或未婚，大部分的人會馬上做出結論，認為答案是無法判定。不過如果你考慮所有的可能性，你會發現答案是「是」。如果安妮已婚，那麼有個已婚者（安妮）正看著一個未婚者（喬治）。如果安妮未婚，那麼情況依然成立，有個已婚者（傑克）正看著一名未婚者（安妮）。

前面這個問題，要判定是否有已婚者正看著一名未婚者，這是個經過高度人為設計的問題，這並不是我們會在日常生活會遭遇的情況。因此人們解決這個問題時遇到的麻煩，在實際情況下應該沒機會遇到。不過心理學家發現，人們在真實生活裡試圖解決類似問題時犯下的錯誤，對我們的生活品質和社會的健全可能有深遠的影響。

傳統的政治和經濟理論是規範我們社會法律與體制的基礎，它們認定人們一般而言是理性的，他們的思維正常而言是健全的。不過在 1970 年代，諾貝爾獎得主丹尼爾・康納曼（Daniel Kahneman）和同事阿莫斯・特沃斯基（Amos Tversky）透過系列實驗推翻這個觀念，實驗發現持續不斷的認知陷阱，往往導致人們在涉及不確定或風險時，做出非理性的、違反自身利益的決定。

在《快思慢想》（*Thinking, Fast and Slow*）這本書裡，康納曼用兩種不同方式設計一個賭局來說明其中一個陷阱，他把這個陷阱稱之為「框架」效應：

你是否會接受一個有 10% 機會贏得 95 美元，且有 90% 機會輸掉 5 美元的賭局？

你是否會付 5 美元參加一個有 10% 機會贏得 100 美元，有 90% 不會中獎的樂透抽獎？

據康納曼的說法，人們比較可能接受第二個提議，儘管這兩個條件是一模一樣的——因為「輸掉」的想法，比起付一定代價可能得到獎勵，更容易引發強烈的負面感受。[93]

即使是受過高等教育的專業人士，在接收風險與獎勵的訊息時也會受訊息呈現的方式所左右。在一個研究裡，特沃斯基詢問醫師們是否會考慮進行某個特殊類型的手術，假設這個手術對術後存活的病患有長期的好處。當手術的風險以存活率（90% 的存活率）而不是死亡率（10% 的死亡率）描述時，醫師們就比較可能選擇採行這項治療法。[94]

康納曼與特沃斯基也發現，人們在評估陳述句的真偽時，往往忽略基本的邏輯法則或機率，特別是當他們被自己的偏見或刻板印象所誤導的時候。在一項研究中，他們請受試者閱讀底下這個虛構人物的故事：

琳達三十一歲，單身，勇於發言，而且非常聰明。她主修哲學。在學生時代，她非常關注社會正義的議題，也參與反核的示威活動。

讀過故事之後，受試者被問到底下的簡單問題：

下列哪一種情況較有可能？
琳達是銀行櫃員。
琳達是銀行櫃員並且活躍於女性主義運動。

讓康納曼感到意外的是，很多人認為比較有可能是銀行櫃員並且也是女性主義者。如果琳達同時是銀行櫃員和女性主義者，那麼很顯然她必然是銀行櫃員。但如果她是銀行櫃員，她未必就是女性主義者。因此比較有可能的情況是她是銀行櫃員。正如康納曼所說：

　　幾所主要大學中，大約有 85% 到 90% 的大學生違反邏輯選了第二個答案。令人稱奇的是，犯錯的人似毫不以為忤。當我用有點不客氣的口氣對大班級上課的大學生說：「你們知道你們犯了一個很基本的邏輯錯誤嗎？」有後排的同學大喊：「那又怎樣？」還有個犯了同樣錯誤的研究生如此自我解釋：「我以為你要問的是我的意見？」[95]

　　在琳達這項實驗之後，許多研究也證實人們評估風險和機率往往遇到麻煩，因為他們不了解或然率的基本規則，沒有認真持續應用這些規則，或是因為刻板印象和偏見而搞錯。同樣的，當人們在評估比較議題的重要性時，他們傾向於把較容易回想的議題賦予更高的重要性。還有，如果某人相信一個陳述為真，往往他也會認定支持這個陳述的論證為真，即使這些論證本身並無根據。[96]

　　1940 年代，愛因斯坦警告核子戰爭的危險時寫道：

「科技的強大力量改變所有的一切，除了我們的思維模式，因此我們正朝向前所未有的大災難而去。」隨著全球暖化加速、人工智慧的興起、種族歧視和排外氣氛的重新出現，以及透過電子媒介進行各種社會操控的擴大，愛因斯坦對於改變思維模式的呼籲如今對我們益發有關聯性。

據《衛報》的報導，類似「劍橋分析」（Cambridge Analytica）這類的公司（它不當使用取自臉書的資料來影響美國的 2016 年大選）正大量投資於「心理作戰」（psychological operations，或簡稱 psycops），並且已開始發展透過「資訊宰制」，也就是一套包括散播謠言、不實訊息和假新聞的科技，來改變人們想法的有效方法。[97]

近來的政治事件已經反映出勞動窮人的憤怒與日俱增，對具智識的菁英分子廣泛不滿，讓社會容忍度降低，損害繁榮的發展。我相信許多這種不滿可以追溯到人們入學的那一天開始發展的挫折感和無助感。孩童天生有著無盡創造力、洞察力和感覺驚嘆的能力，但是這些心智特質，會隨著父母和師長們堅持他們學習他們無法掌握的科目 ——— 因為這些功課對他們未來很重要 ——— 而逐漸消逝。隨著人們對學數學和科學逐漸喪失好奇心和對自己能力的自信心，他們越不容易接受新觀念，較容易誤信不實的說法。

我們每個人都會受到大腦不可靠的啟發法、非理性的偏見和思維的捷徑所影響，我們也容易在日常生活中犯下數學和邏輯的錯誤。如今世界的現況只會更加放大易錯的程度和它們的後果。也因此，讓每個人有機會實現他全部的智力潛能如今變得特別重要。除非我們學會更清晰的思考，更小心衡量證據，我們將無法跨越政治和公共論述中已成常態的那些令人混淆、具腐蝕性的辯論。如果人們沒有必要的概念工具來評估消費商品的真實成本和價值，以及製造這些商品所牽涉的風險，我們的經濟也絕對無法良好運作。

簡單的提議

在媒體、甚至在學術出版品裡都不難發現數學上錯誤的例子。舉例來說，在 2010 年，福斯新聞台（Fox News）播出由三部分組成的圓餅圖代表支持三名共和黨的美國選民比例：70% 支持莎拉‧裴琳（Sarah Palin）、63% 支持麥克‧哈克比（Mike Huckabee）、60% 支持密特‧羅姆尼（Mitt Romney）。[98] 這些數字加起來超過了100%。有些選民可能支持超過一位的候選人，但是這樣

的數據不可能用圓餅圖來呈現；一張餅圖上的不同部分，代表的是彼此互斥的情況。

金融或管理的新聞往往涉及數字，因此我們應該期待寫財經文章的作者（和編輯）懂得基本的數學。但情況未必然如此。在 2008 年的《管理發展期刊》（*Journal of Management Development*）宣稱，有一家公司施行處理客戶投訴的新方法，讓顧客抱怨的數量減少了 200%。[99] 這數字恐怕太高了：要是你能減少 100%，你已經不會收到任何的投訴。

儘管這些數學的錯誤相對無害，它們顯示出在媒體上很少被談及的更深層問題——這或許因為媒體中許多人數學不好。我們在政治和商業上的大部分決策都直接或間接的牽涉到數字或某類的數學。我們應該擔心在北美地區有這麼多成年人無法看出小學程度的數學錯誤，而根據有缺陷的啟發方式和情緒觸因來做倉促的決定，特別是當國家正在思考一項預算的經濟衝擊、一條法律的環境衝擊、或一項規定的社會衝擊。如我在第二章所提到，如果每個人對簡單的代數、分數、比例、百分比、或然率和統計學有基本的了解，我相信我們將有一個更公平、更文明、更繁榮的社會。我同時也相信，幾乎每個成年人都可以在幾星期之內學會這些基本的知識。我們大概很難想像，如果人

們在擁有投票權之前需要先具備這方面知識的話，我們的政治辯論將會有多大的不同。

當然，懂得基本數學不保證一個人可以做出理性或合乎道德的決定，不過它絕對有幫助。如果你已經學會解答簡單的數學題，你本能上就會去考慮史坦諾維奇的結婚問題裡所有的可能情境，因為你知道，唯有仔細思考每個可能性，你才能找出正確的解答或是建構一個萬無一失的證明。如果你能做簡單的計算，你馬上會看出康納曼提出的兩個賭局是一模一樣的。如果你學會冷靜思考關於或然率與邏輯的問題，你就不至於被刻板印象和框架效應所誤導。還有，如果你對自己的數學能力有信心的話，你就願意花費心神和腦力去仔細思考我們社會所面對眾多幽微但重要的問題。在我和各個年齡層學生上課的過程中，我發現能持續成功學習數學的人，多半會愛上努力面對心智挑戰時的興奮感受。

在數字方面，人們較常遇到困難的一個領域是統計學。我們每天都會接收大量新藥品或新飲食療法的廣告，它們跟我們保證會有正面效果，但我們卻無從得知是否該相信。還好，統計學家已經發展出一些測試方法，可以指引我們評估某個答案的有效性。我們可以想像一下底下這個完全經過設計的例子。

假設你（因為某個緣故）擁有一個裡頭有數千個玻璃珠的桶子，其中 40% 的珠子是藍色，60% 是紅色。某一天你懷疑有人從桶子裡偷走了一些藍色玻璃珠。因為珠子的數量太多無法逐一細數，所以你沒辦法直接驗證你的懷疑。於是你決定抽查一個樣本。你從桶子裡拿出 100 個玻璃珠，驚駭的發現其中只有 36 顆是藍色的。你是否應該把這個結果當成是有人從你的桶子偷走藍色玻璃珠的證據？

　　統計學家對於這類情況已經發展了一個計算「p 值」的方法，它是事件完全隨機出現的或然率。在這個例子裡，當玻璃珠桶中有 40% 是藍色的，而你取出 100 顆，其結果是你會拿到 36 個或更少的藍色玻璃珠的機率大約是 25%。統計學家不會把它當成是有些珠子被偷走了的強有力證據。不過，如果「p 值」小於 5%，他們會說這個結果是「顯著」的，藍色珠子數目的減少遠大於隨機運氣的預測值。

　　在《好裡加在：運氣、機會、與萬物的意義》（*Knock on Wood: Luck, Chance and the Meaning of Everything*）一書中，統計學家傑佛瑞・羅森塔爾（Jeffrey Rosenthal）提出一組問題，假如你想要知道某事件的發生全憑機運、或是你想找出它的原因時，可以問問自己這些問題。據羅森塔爾的

說法：「如果我們能夠了解哪些幸運事件只是隨機、盲目的好運，還有哪些是實際科學的影響力所引發──也就是有哪些可受影響改變，哪些不能。那麼，我們就能做出較好的決定，採取較合理的行動，並對我們周遭的世界有更好的理解。」[100]

　　要說明 p 值的重要性，羅森塔爾觀察許多政治人物和媒體名嘴的說法，這些人說全球暖化是騙局，我們不需減少對大氣層的碳排。支持這個說法的一個重要論述認為，即使近年來全球變暖，暖化也只是統計上的隨機波動。羅森塔爾進行一些計算來評估這種說法：

　　使用美國航太總署（NASA）的數據，我計算在 1980 年到 2016 年之間這 37 年的平均溫度，比起 1880 年到 1916 年這 37 年之間的平均溫度高出了攝氏 0.74 度（華氏 1.33 度）。這是不小的差別。不過它在統計上是顯著的嗎？是的！相對應的 p 值（這個差異純粹隨運氣發生的機率）不到千萬億分之一（one in a million billion），所以這當然不是運氣。[101]

　　羅森塔爾也提到，全球平均氣溫在 1980 年和 2016 年之間增加將近攝氏一度，這個事件的 p 值同樣也小於

千萬億分之一。據羅森塔爾的說法，這說明了「毫無任何合理懷疑的空間，確實在統計上全球氣溫年增溫是高度顯著，不只是運氣。」

絕大部分具可信度的氣候科學家相信，如果我們這一代沒有顯著減低我們的碳排放，我們最終導致的死亡人數與破壞程度，將超過二次世界大戰所有戰役的總和。有如此多的選民相信非專家的說法，認為我們不需採取任何預警措施來避免潛在的災難，這說明了我們在思考當今最重要的事情時，我們的準備是多麼不足。在日常生活裡我們都知道，不需等到確認某個意外保證會發生，就要先採取行動來降低它發生的風險。如果一個城市裡 98% 的土木工程師說一座橋快要垮了，沒有任何腦筋清楚的人會想過這座橋，即使還有 2% 的工程師仍說這座橋安全。如果有某個政治人物叫人們開車載著孩子過橋，因為關閉橋樑會讓他們上班必須改道、或是得換別的工作、或說這不過是其他政治人物捏造的騙局，我們大概不會認為他適任這個公職。

如果我們懂得風險的數學，我們就可以在無法百分之百確定、或很難達成共識的時候，做出更好的決定。我期待有一天大家會認為，當政客或是名嘴對科學議題做出不適格的評論時——因為顯然他們不懂數學，他們應該因無

知或利益輸送而被判有罪。

數學是幾乎不可能製造假新聞的論述領域之一。數學家們偶爾會犯錯，但是這些錯誤通常很快會被同儕們指認出來。因為所有的數學都可以從所有人同意的第一原則推導出來，數學的真理比起其他類型的真理更能得到確認。因此，我們所有的信念和進行所有辯論都應該建立在這種基礎上，才是明智的作法。如果每個公民對數學都有健全的知識，我們的所有討論都可以源自於共通的信念，而不需浪費這麼多時間在爭論事實或是辯論的有效方法。

在一個珍視並提倡智力公平的社會裡，一般的公民都知道科學方法的重要性，也知道該如何去理解一些牽涉到數字的主張。他們將更能夠建構有效而和合乎邏輯的論證，也更能夠運用數據和理性，而不是用假新聞、誤導的廣告宣傳、似是而非的論證，來做出經濟和政治上的決定。

教育的未來

我希望在這本書裡所提供的例子能給予你信心，相信利用數學版的刻意練習，可以訓練學生像數學家一樣思

考。不過，雖然我主張學生解答西洋棋問題的訓練就類似於他們解答數學競賽試題的訓練，但我認為，數學的刻意練習有四個特點與其他大部分領域的這類練習不同。這些不同之處，也讓數學的刻意練習格外讓人感到興奮。

一、人們透過刻意練習發展的許多技能（艾瑞克森在《刻意練習》述及）並不能廣泛轉移。舉例來說，使用記憶法來記住一長串數字，並不會讓我們記憶力變好。同樣的，由職業高球員指導來修正某人的扭腰動作，某人也不會搖身一變就成了全能運動員。相對之下，當學生學會做數學式的思考，他們學到的概念和思維方式基本上可以應用在每個科目或是每項職業。

二、有些透過刻意練習發展的技能，必須從很早的年齡開始。舉例來說，榊原彩子（我們在第四章提過）發現她訓練完美音感的方法，只對七歲以下的學生有效果。不過在我的教學或是我研讀過的認知科學研究中，我並沒有看到關於學習數學年齡限制的資料。我一直到三十歲才開始攻讀大學的數學課程。雖然起步較晚有些壞處，但是它也有些好處，因為成年人比孩童更能夠專心、也更有紀律。這代表著，即使是成年人也有把數學變得拿手的希望，或者，至少我們只需花相對較小的努力，就能具備數

學能力。

　　三、在《刻意練習》書中，艾瑞克森之處刻意練習可能會枯燥、艱辛、且需花費大量時間。當人們投入刻意練習時，並不會從教練身上得到反饋，他們往往要花很多的時間獨自精煉他們的技能，這可能讓人們感覺孤單和受孤立。這也是平常人不大可能運用刻意練習來學習任何事物的原因之一。不過，數學的刻意練習在團體進行最理想，學生們可以融入同儕們的高昂學習情緒中。當學生們在團體中學習數學，他們會覺數學很有趣，而不會很枯燥難熬。除此之外，人們需要在學校上很多年的數學課。因此刻意學習妨礙大部分人成為好的西洋棋手或高球選手的一些障礙，並不會阻礙他們把數學學好。

　　四、在某些領域裡，我們的體能和腦力可能對刻意學習構成嚴格的局限。一個矮個子的人，可能無法成為偉大的籃球員（雖然 NBA 職籃裡還是有一些知名的例外）。遺傳的因素可能對數學成就有些影響，不過即便如此，我認為它的影響並不是太顯著。教育者的主要問題是：我們要如何協助人們發展投入數學刻意學習的動機和毅力？愛因斯坦說他的成功不是因為他比其他科學家更聰明，而是因為他與問題纏鬥的時間比較久。

許多人相信新的教育科技，像是以平板電腦為基礎的課程和評量，是學校成績顯著改善的最佳希望。我毫不懷疑科技最終將為教育帶來正面的影響，不過以目前而言，關於這些課程干預效果的實驗結果正反不一。[102] 在我們過度投資在新科技之前，最好還是先進行嚴謹的研究，來分辨它究竟是真正的創新，或只是一時的熱潮。否則我們有可能重蹈過去的錯誤，大規模採用昂貴而擅長行銷包裝的教科書，但實際上並沒有多少證據可佐證教材採用的作法有效。

　　我們應該小心，別讓新科技必然帶來的刺激感模糊了焦點，否則我們可能忽略較廉價也更實用、而且如今已可取得的解決方案。莫若在她的課堂裡創造出非凡的成果，靠的也只是紙跟筆。

　　科技的鼓吹者往往會主張新科技最終讓教育可以「量身訂制」和「個人化」，因而讓學生們可以按照自己的步驟來前進。不過，要是絕大部分學生都能以大致相同的步調進展呢？我們一味追求個人化的教育，會不會反而妨礙我們引導學生們在相同時間、學習相同事情所享受到非比尋常的歡樂和興奮？這些是我們決定哪些教學方式對學生最有好處之前，需要透過嚴謹的研究去解答的問題。

　　許多人對「混成學習」（blended learning）提供的承

諾感到興致勃勃，這個利用電腦的教學方式因學生們在學校裡可以有很多時間接受電腦教學（有時候可自行選擇課程進行方式）而流行起來。儘管這些課程還沒有進行太多嚴謹的檢驗，它們已經被媒體形容為促成學校轉型，改變遊戲規則的創新。我相信這些方法背後的一些預設（特別就短期而言），可能和促使學校廣泛採用探索式教學的那些預設一樣存在著一些問題。這些預設雖然看似進步、可為學生培養能力，但可能存在混成學習的倡導者未預見的缺點。底下我提出幾個我憂心的問題。它們或許不難處理，但是至少值得好好思考。

個人化學習的一個缺點是，人們在選擇他們認為有效率的學習方法時，常常會做出差勁的判斷。如心理學家羅迪格和麥克丹尼爾解釋的：「由於我們易於陷入幻想和誤判，所以我們都應該停下腳步思考，特別是那些『學生導向學習法』的倡導者……。運用最沒有效率的學習策略的學生，最容易高估他們的學習，其結果是他們受誤導的信心讓他們更難去改變習慣。」[103] 初學者不只是容易選擇無效率的學習法，他們往往也沒有能力了解，要專精某個領域該具有什麼樣的知識和技能。

另一個個人化學習的缺點是，以平板電腦為基礎的教學課程（目前為止）並不具備人工智慧。因此，當學生無

法回答問題或理解電腦提供的解釋時，就需要老師介入。但是研究顯示，許多教師並不擅長解釋數學概念、評估學生的知識、或是對有困難的學生提供補救教學——即使教室裡所有的學生進行的是同一套課程。也正因為如此，JUMP 製作詳細而且嚴謹搭建支架的課程計畫，一次只專注一個主題，因此教師在教學的同時也可以深度學習數學。在教室裡，當學生們同時進行許多不同的主題且電腦又不具有人工智慧時，即使是在小班級裡，一般的老師也不大可能進行有效的干預。

如果教室裡每個學生是在電腦上進行不同的主題，老師也不容易創造團體的興奮情緒，或是我在第六章所描述的「集體歡騰」的情況。這種興奮情緒有助學生大腦運作的更好，這對學習非常重要。

我認為就短期而言，在教室裡科技最好的使用方式，是將教師（而不是科技）放在課程的中心，並且讓學生用相同教材以同樣進度邁進，而不是讓他們各自進行個別的主題。在這種模式裡，科技主是用來幫助教師更有效率，幫他們在當下能更快評估學生理解的情況，並為每個學生提供量身定製的加分題（避免學生必須接觸全新的主題，或是打斷班上集體興奮的情緒）。科技也可以讓學生做更多的複習，或是在學習相同核心課程的同時，可以自行探

索更豐富的主題。科技甚至可為教師們提供專業的發展（透過互動的課程計畫、影片、和教學指導），並協助學校體系更快傳遞經過紮實研究的教學方法。JUMP 數學課程計畫可供教師在互動數位白板（SMART 與 Promethian 白板）使用，我們也計劃要將學生的資源數位化。

許多好的個人化線上課程已經可幫助成人學習新技能，或讓有動機的學生自主學習新的科目。隨著個人化學習課程越來越有效率，它們最終或許可取代教師，或是以我們目前難以想像的方式來幫助教師工作。不過在這些課程有重大進展之前，我們最好還是先對它們進行嚴謹的測試後，再廣泛在課堂上實施。

有些線上的課程如 Luminosity 宣稱，人們透過他們的「腦力訓練」遊戲，可以顯著提升一般的認知功能。不過，Luminosity 在 2017 年遭美國食品藥物管理局罰款，並撤回產品有助人們發展心智應用技能的說法。[104] 最近的一個統合分析發現，幾乎沒有證據顯示任何市面上可取得的線上遊戲，有助人們發展可應用於遊戲之外的認知能力。[105] 其主要的原因是，任何領域的問題解答和概念建構，都需要相當多特定領域的知識和專業。

我相信我的大學課程和透過研習文學、哲學和數學所得的訓練確實能廣泛移轉應用，它幫助我在許多不同領域

可以解答問題和快速學習新概念。在我們找到目前尚未發明的藥物、神經移植、或認知訓練方法來提升腦力之前，任何人的頭腦都不大可能比受過良好訓練的藝術家或科學家運作得更有效率。因此就目前而言，訓練學生腦力最好的方法，或許是使用有證據支持的教學法，給予他們全面均衡的教育。如心理學家伊莉莎白・史丹 - 莫若（Elizabeth Stine-Morrow）說：「我對『腦力訓練有用嗎？』的開玩笑答案是：『有用啊，它就叫學校。』」

雖然新科技毫無疑問會幫助我們提升教育的情況，瑪莉・珍・莫若這類的老師已經證明了，我們不需等到完美的電腦課程被發展出來才能帶動重大變革。如果我們把花在無效的教育資源和作法的龐大經費重新規劃，幫助教師們採用最有效、有證據佐證的教學法，即使在沒有太多先進科技的地區，我們也可以大大改善教育的成果，並在短時間內創造更繁榮、更有包容性的社會。

雖然在這本書裡我著重的是數學，但學習的研究可適用於每個科目。應該可以明顯看出來，我所討論的教學法可用來教導科學；人們在科學上和在數學上思考、做出發現的方式基本上是相同的。不過我也使用類似的方法來教哲學、文學、甚至是創作。幫助人們找出更有表現力和想像力的方法，顯然也會對我們的社會帶來幫助。

而且投入藝術還有其他更深刻的好處。哲學家理查‧羅逖（Richard Rorty）說文學與哲學對我們人生最大的貢獻之一，是幫助我們理解和感受其他的人。光是數學和科學並不能做到這點。歷史上許多如納粹黨這類的大壞蛋，他們數學可能很好，但是他們缺乏同理心，也無法理解身為一個高貴的人類意義為何。

找到心流

世界經濟論壇（World Economic Forum）在 2015 年發表一項研究提到，有 45% 的專業工作在 2025 年之前有被自動化的風險。[106] 工作本質的快速改變，很可能造成財富更加集中，許多賦予人們生命意義的工作也將消失。為了生存與繁盛，我們可能需要找到新的目的感，這種目的感不全憑我們創造實體貨品或累積物質財富的能力來決定。

找到更多生命意義的方式之一，是利用心理學家米哈里‧羅齊克森（Mihaly Csikszentmihalyi）所謂「心流」狀態（state of "flow"）的能力來生存。它意味的是「為其本身目的完全投入一個活動。自我消散。時間流逝。每

個行動、動作、和思考都必然跟隨前面一個，如同演奏爵士樂一樣。你的整個身心浸淫其中，同時你把你的技能發揮到最極限。」[107]

偉大的藝術家和科學家生命的大半時間都處在心流狀態。愛因斯坦經常以狂喜或宗教的詞語描述他的工作：「所有宗教、藝術、和科學都是同一棵樹的分支。它們的渴切追求都朝向著讓人的生命更高貴，把人生提昇至純粹物理存在之上，引導個人通向自由。」

如果我們能充分實現智識與藝術的潛力，以如同孩童般開放的心態去感受驚奇，我們就有可能從思索和體驗生存的美麗與奧祕中，找到最深切的目的感。我們禮讚存有的能力，透過藝術與科學來觀看和欣賞生命每個面向的能力，或許是我們永遠都比機器做得更好的事。不依賴漫無目的的競爭和盲目的消費來找尋快樂與成就感的新源頭，或許也讓我們找到地球能負擔的生活方式。

當我看到生命纖細的織網正被快速撕裂，我經驗到比大多數人更加深刻的痛苦和焦慮，這或許是因為我的數學訓練已經讓我理解這片織網的複雜與美麗，以及它破碎之後多難以修復。除了用有毒化學物質和塑膠填滿我們的大氣和海洋之外，我們也正逐步逼近物質世界的限制，畢竟地球上就只有這麼多的空間可以讓我們占據。如果大家繼

續堅持要享有更大的空間，如果富有的人繼續增併和破壞不合理比例的土地，我們不只會對世界造成不可回復的損害，也可能面臨毀滅性的社會動盪。

幸運的是，我們的心靈的空間是無限的。這個廣大、無法具體捉摸的世界充滿無價的心智資產，有美到難以形容的廟堂殿宇，而且在這裡的每座建築可同時容納眾多的房客。

與其移民到火星，逃避我們所面臨最嚴重的問題，我們可以在地球找到新家，在這個新家裡，社會的每個成員都有權利過豐富、有生產力的生活，所有經濟都立基於豐饒和共享，而不是匱乏與貪婪，唯一要做的，就是培養發展每個人身上都具有的潛力。

附錄 虛數如何相乘

　　回想一下第七章提到，每個虛數都包含兩個部分。虛數（5, 3/4）的第一個部分是 5，第二個部分是 3/4。

　　假設（a, b）與（c, d）是兩個虛數（a, b, c, d 都是實數）。求兩數的積，你必須計算前後兩個部分。第一個部分的積由表達式 a× c － b× d 求出。第二個部分由 a× d + b× c 求出。也可寫成：

$$(a, b) \times (c, d) = (a \times c - b \times d, a \times d + b \times c)$$

舉例來說，虛數 (1, 5) 和 (2, 3) 相乘為：

$$(1, 5) \times (2, 3)$$
$$= (1 \times 2 - 5 \times 3, 1 \times 3 + 5 \times 2)$$
$$= (2 - 15, 3 + 10)$$
$$= (-13, 13)$$

回想一下，虛數 $(3, 0)$ 相當於實數 3，而虛數 $(4, 0)$ 等於實數 4。運用虛數的乘法規則我們會發現這兩個數的乘積 $(12, 0)$ 也相當於 12。

$$(3, 0) \times (4, 0)$$
$$= (3 \times 4 - 0 \times 0, 3 \times 0 + 4 \times 0)$$
$$= (12 - 0, 0 + 0)$$
$$= (12, 0)$$

當你使用虛數的乘法來運算兩個實數 a 和 b，它的積就是實數 a× b。或者，用虛數的標示法：
$$(a, 0) \times (b, 0)$$
$$= (a \times b - 0 \times 0, a \times 0 + b \times 0)$$
$$= (a \times b, 0)$$

在實數的系統中，-1 並沒有平方根，因為沒有實數自身相乘會得到 -1。不過在虛數的系統裡，$(-1, 0)$ 這個數確實存在平方根。如果你根據虛數乘法規則把 $(0, 1)$ 這個數自身相乘會得到 $(-1, 0)$：

$(0, 1) \times (0, 1)$

$= (0 \times 0 - 1 \times 1, 0 \times 1 + 1 \times 0)$

$= (-1, 0)$

　　因此（0, 1）是（-1, 0）的平方根。在虛數系統裡，每個數都有平方根。這也是虛數能成為強大的解題工具的原因之一：我們應用虛數在代數或方程式上，可以接受任何表達方式的平方根而不用考慮它是否有意義。

　　你可以進行涉及到虛數平方根的高等代數，而不用擔心算出的結果是否有意義。在物理學上，許多運算答案的第二項被化為零，於是答案會是一個實數。

參考資料

- Quotations on pages 104 and 105 are from "Children's Brains Are Different," by Amy Bastian in Think Tank: Forty Neuroscientists Explore the Biological Roots of Human Experience. Published by Yale University Press. Reprinted by permission.

- Quotations on pages 160 and 238 are from Make it Stick: The Science of Successful Learning by Peter C. Brown, Henry L. Roediger III and Mark A. McDaniel. Published by Belknap Press (An imprint of Harvard University Press). Reprinted by permission.

- Quotation on pages 90 and 91 is from Peak: How to Master Almost Anything by Anders Ericsson and Robert Pool. Published by Viking Books. Reprinted by permission.

- Quotation on page 243 is from "Go with the Flow" by John Geirland. Published in Wired. Reprinted with permission from Condé Nast.

- Quotation on page 200 is from "Analogical Problem Solving" by Mary L. Glick and Keith J. Holyoak. Pub lished in Cognitive Psychology. Reprinted by permission.

- Quotation on page 127 is from Why Knowledge Matters: Rescuing Our Children from Failed Educational Theories by E. D. Hirsch Jr. Published by Harvard Education Press Group. Reprinted by permission.

- Quotation on page 124 is from "Principles of Instruction: Research Based Strategies That All Teachers Should Know," by Barak Rosenshine. Published in American Educator. Reprinted by permission.

- Quotations on pages 231 and 232x are from Knock on Wood: Luck, Chance, and the Meaning of Everything by Jeffrey S. Rosenthal. Published by HarperCollins. Reprinted by permission.

- Quotation on pages 68 and 69 is from The Genius in All of Us: New Insights into Genetics, Talent, and IQ by David Shenk. Published by Anchor Books. Reprinted by permission.

- Quotations on pages 94, 96, 97 are 167 from Why *Don't Students like School: A Cognitive Scientist Answers Questions about How the Mind Works and What It Means for the Classroom* by Daniel Willingham. Published by Jossey-Bass. Reprinted by permission.

　　以上已盡一切努力與版權持有人聯繫； 如果有疏忽或錯誤，請通知發行者。

第一章

1.　Phillip Ross, "The Expert Mind," Scientific American, August 2006.

2.　"Mathematics Literacy: Proficiency Levels (2015),"

3.　Janet Steffenhagen, "Jump Math Changed My Life: Vancouver Teacher Says," Vancouver Sun, September 13, 2011.

4.　Steffenhagen, "Jump Math Changed My Life."

5.　F. W. Chu, K. vanMarle, and David C. Geary, "Early Numerical Foundations of Young Children's Mathematical Development," Journal of Experimental Child Psychology 132 (April 2015): 205–12; Greg J. Duncan et al., "School Readiness and Later Achievement," Developmental Psychology 43, no. 6 (November 2007): 1428–46; David C. Geary et al., "Adolescents' Functional Numeracy Is Predicted by Their School Entry Number System Knowledge," PLoS ONE 8, no. 1 (January 30, 2013): e5461; Melissa E. Libertus, Lisa Feigenson, and Justin Halberda, "Preschool Acuity of the Approximate Number System Correlates with Math Abilities," Developmental Science 14, no. 6 (August 2, 2011): 1292–1300; Michèle M. M. Mazzocco, Lisa Feigenson, and Justin Halberda, "Preschoolers' Precision of the Approximate Number System Predicts Later School Mathematics Performance," PLoS ONE 6 (September 14, 2011): e23749.

6.　Gavin R. Price and Daniel Ansari, "Symbol Processing in the Left Angular Gyrus: Evidence from Passive Perception of Digits," Neuroimage 57, no. 3 (August 1, 2011): 1205–11.

7. Roland H. Grabner et al., "Brain Correlates of Mathematical Competence in Processing Mathematical Representations," Frontiers in Human Neuroscience 5 (November 4, 2011): 130.

第二章

8. Gerd Gigerenzer, "Smart Heuristics," in Thinking, ed. John Brockman (New York: HarperCollins, 2013).

9. President's Council of Advisors on Science and Technology, Engage to Excel: Producing One Million Additional College Graduates with Degrees in Science, Technology, Engineering, and Mathematics (Executive Office of the President, February 2012).

10. "Just the Facts: Consumer Bankruptcy Filings, 2006–2017," United States Courts, published March 7, 2018, https://www.uscourts.gov/news/2018/03/07/just-facts-consumer-bankruptcy-filings-2006-2017; "Statistics and Research," Office of the Superintendent of Bankruptcy Canada, Government of Canada, modified May 13, 2019, https://www.ic.gc.ca/eic/site/bsf-osb.nsf/eng/h_br01011.html.

11. Duncan et al., "School Readiness and Later Achievement."

12. Elisa Romano et al., "School Readiness and Later Achievement: Replication and Extension Using a Canadian National Survey," Developmental Psychology 46, no. 5 (September 2010): 995–1007; Linda S. Pagani et al., "School Readiness and Later Achievement: A French Canadian Replication and Extension," Developmental Psychology 46, no. 5 (September 2010): 984–94.

13. Samantha Parsons and John Bynner, Does Numeracy Matter More? (London: National Research and Development Centre for Adult Literacy and Numeracy, 2005).

14. Isaac M. Lipkus and Ellen Peters, "Understanding the Role of Numeracy in Health: Proposed Theoretical Framework and Practical Insights," Health Education & Behavior 36, no. 6 (December 2009).

15. Valerie F. Reyna et al., "How Numeracy Influences Risk Comprehension and Medical Decision Making," Psychological Bulletin 135, no. 6 (November 2009).

16. "Could Mental Math Boost Emotional Health?" EurekAlert! American Association for the Advancement of Science, published October 10, 2016, https://www.eurekalert.org/pub_releases/2016-10/du-cmm101016.php.

17. Steve Liesman, " 'Math Has a Habit of Not Going Away'— Economists Worry Donald Trump Seems to Be Ignoring Them," CNBC, January 12, 2017.

18. Daniel J. Levitin, A Field Guide to Lies: Critical Thinking in the Information Age (Boston: Dutton, 2016), 9.

19. David Shenk, The Genius in All of Us: New Insights into Genetics, Talent, and IQ (New York: Anchor, 2011), 88.

20. Rachel Carson, The Sense of Wonder (Open Road Media, 2011).

第三章

21. Allyson P. Mackey et al., "Differential Effects of Reasoning and Speed Training in Children," Developmental Science 14, no. 3 (May 2011): 582–90.

22. Shenk, The Genius in All of Us, 16.

23. Eleanor A. Maguire et al., "Navigation-related Change in the Hippocampi of Taxi Drivers," Proceedings of the National Academy of Sciences of the United States of America 97, no. 8 (April 11, 2000): 4398–403.

24. Bogdan Draganski et al., "Neuroplasticity: Changes in Grey Matter Induced by Training," Nature 427, no. 6972 (January 22, 2004): 311–12; Allyson P. Mackey, Alison T. Miller Singley, and Silvia A. Bunge, "Intensive Reasoning Training Alters Patterns of Brain Connectivity at Rest," Journal of Neuroscience 33, no. 11 (March 13, 2013): 4796–803.

25. Carol S. Dweck, "The Secret to Raising Smart Kids," *Scientific American Mind* 18, no. 6 (December 2007): 36–43.

26. "JUMP Math in the Classroom," JUMP Math, September 28, 2016, video, https://jumpmath.org/jump/en/jump_ home.

27. Marie Amalric and Stanislas Dehaene, "Origins of the Brain Networks for Advanced Mathematics in Expert Mathematicians," Proceedings of the National Academy of Sciences of the United States of America 113, no. 18 (May 3, 2016): 4909–17.

28. Jordana Cepelewicz, "How Does a Mathematician's Brain Differ from That of a Mere Mortal?" Scientific American, April 12, 2016.

29. Jennifer A. Kaminski and Vladimir M. Sloutsky, "Extraneous Perceptual Information Interferes with Children's Acquisition of Mathematical Knowledge," Journal of Educational Psychology 105, no. 2 (May 2013): 351–63.

30. David H. Uttal et al., "The Malleability of Spatial Skills: A Meta-analysis of Training Studies," Psychological Bulletin 139, no. 2 (March 2013): 352–402.

31. Shenk, The Genius in All of Us: New Insights into Genetics, Talent, and IQ: 29.

32. The term "structured inquiry" was suggested to me by Brent Davis, who is a Distinguished Research Chair in Mathematics Education at the University of Calgary. I discuss his work in chapter 5.

第四章

33. Anders Ericsson and Robert Pool, Peak: How to Master Almost Anything (New York: Viking, 2016), xiv.

34. Daniel Willingham, Why *Don't Students Like School: A Cognitive Scientist Answers Questions about How the Mind Works and What It Means for the Classroom* (San Francisco: Jossey-Bass, 2009), 3.

35. Willingham, Why Don't Students Like School, 133.

36. Willingham, Why Don't Students Like School, 3.

37. Amy Bastian, "Children's Brains Are Different," in Think Tank: Forty Neuroscientists Explore the Biological Roots of Human Experience, ed. David J. Linden (London: Yale University Press, 2018) excerpted in Johns Hopkins Magazine (Summer 2018), https://hub.jhu.edu/magazine/2018/summer/human-brain-science-essays/.

38. Bastian, "Children's Brains Are Different."

39. @OctopusCaveman, Twitter, August 26, 2018, 7:56 a.m., https://twitter.com/octopuscaveman/ status/1033578911697784832, included in "18 Parent Tweets That Basically Sum Up Having Kids," BrightSide, September 16, 2018.

40. Ericsson and Pool, Peak, 172.

41. Ashutosh Jogalekar, "Richard Feynman's Sister Joan's Advice to Him: 'Imagine You're a Student Again,'" The Curious Wavefunction, April 2, 2017, http://wavefunction. fieldofscience. com/2017/04/richard-feynmans-sister-joans-advice-to.html.

42. Adam Grant, Originals: How Non-conformists Move the World (New York: Penguin Books, 2016), 9.

第五章

43. "Our Story," ResearchED, https://researched.org.uk/ about/our-story/.

44. Barak Rosenshine, "Principles of Instruction: ResearchBased Strategies That All Teachers Should Know," American Educator 36, no. 1 (Spring 2012): 12.

45. E. D. Hirsch Jr., Why Knowledge Matters: Rescuing Our Children from Failed Educational Theories (Cambridge, MA: Harvard Education Press Group, 2016), 88.

46. Daniel Willingham, The Reading Mind: A Cognitive Approach to Understanding How the Mind Reads (San Francisco: Jossey-Bass, 2017), 110.

47. Hirsch, Why Knowledge Matters, 89.

48. K. Anders Ericsson, "An Introduction to The Cambridge Handbook of Expertise and Expert Performance: Its Development, Organization, and Content," in The Cambridge Handbook of Expertise and Expert Performance, ed. K. Anders Ericsson (Cambridge: Cambridge University Press, 2012), 13.

49. John R. Anderson, Lynne M. Reder, Herbert A. Simon, "Applications and Misapplications of Cognitive Psychology to Mathematics Education," Texas Education Review (Summer 2000): 13.

50. John Dunlosky et al., "The Science of Better Learning: What Works, What Doesn't," Scientific American Mind (September 2013): 43.

51. D. Rohrer, & K. Taylor, "The shuffling of mathematics problems improves learning." Instructional Science, 35(6), (2007): 481-498.

52. Paul A. Kirschner, John Sweller, Richard E. Clark, "Why Minimal Guidance During Instruction Does Not Work: An Analysis of the Failure of Constructivist, Discovery, Problem-based, Experiential, and Inquiry-based Teaching," *Educational Psychologist* 41, no. 2 (June 2006): 75–86.

53. Louis Alfieri et al., "Does Discovery-based Instruction Enhance Learning?" Journal of Educational Psychology 103, no. 1 (February 2011): 1–18.

54. Armando Paulino Preciado-Babb, Martina Metz, Brent Davis, "The RaPID approach for teaching mathematics: An effective, evidence-based model," University of Calgary Paper presented at the Canadian Society for the Study of Education Annual Conference, University of British Columbia, Vancouver, BC. (June 1-5, 2019) (The paper is available on ResearchGate.)

55. Benjamin S. Bloom, "The 2 Sigma Problem: The Search for Methods of Group Instruction as Effective as One-toOne Tutoring," Educational Researcher 13, no. 6 (June 1984): 4–16.

56. Thomas R. Guskey, "Lessons of Mastery Learning," Educational Leadership: Interventions That Work 68, no. 2 (October 2010): 52–57; Stephen A. Anderson, "Synthesis of Research on Mastery Learning," ERIC Document Reproduction Service No. ED 382567 (November 1, 1994); Thomas R. Guskey and Therese D. Pigott, "Research on Group-based Mastery Learning Programs: A Meta-analysis," The Journal of Educational Research 81, no. 4 (March 1988): 197–216; Chen-Lin C. Kulik, James A. Kulik, Robert L. Bangert-Drowns, "Effectiveness of Mastery Learning Programs: A Meta-analysis," Review of Educational Research 60, no. 2 (June 1, 1990): 265–99.

57.   Kate Wong, "Jane of the Jungle," Scientific American 303, no. 6 (December 2010): 86–87.

58.   https://www.poemhunter.com/poem/to-posterity/ (trans. H.R. Hays).

第六章

59.   Peter C. Brown, Henry L. Roediger III, Mark A. McDaniel, Make It Stick: The Science of Successful Learning (Cambridge, MA: Harvard University Press, 2014), 145–6.

60.   Willingham, Why Don't Students Like School

61.   Willingham, Why Don't Students Like School

62.   Daniel Pink, Drive: The Surprising Truth about What Motivates Us (New York: Riverhead Books, 2009), 7.

63.   Pink, *Drive*, 8.

64.   Deborah Stipek, "Success in School—for a Head Start in Life," in Developmental Psychopathology: Perspectives on Adjustment, Risk, and Disorder, edited by Suniya S. Luthar et al. (Cambridge, UK: Cambridge University Press, 1997), 80.

65.   Sian L. Beilock et al., "Female Teachers' Math Anxiety Affects Girls' Math Achievements," Proceedings of the National Academy of Sciences of the United States of America 107, no. 5 (February 2, 2010): 1860–63.

第七章

66. Friederich Nietzsche, *Menschliches, Allzumenschliches (Human, All-Too-Human)*, 1878, cited in Shenk, *The Genius in All of Us*, 48.

67. Beethoven quoted in Shenk, *The Genius in All of Us*, 48.

68. Dean Simonton, "Your Inner Genius," Scientific American Mind, 23, no. 4 (Winter 2015): 7.

69. *Grant, Originals,* 172.

70. Leonardo da Vinci's diaries cited in Michael J. Gelb, How to Think Like Leonardo da Vinci: Seven Steps to Genius Every Day (New York: Delacorte Press, 1998), 50.

71. Todd Kashdan et al., "The Five Dimensions of Curiosity," *Harvard Business Review* (September–October 2018): 59–60.

72. Kashdan et al., "The Five Dimensions of Curiosity," 59.

73. Claudio Fernández-Aráoz, Andrew Roscoe, Kentaro Aramaki, "From Curious to Competent," Harvard Business Review (September–October 2018).

74. Frank Dumont, A History of Personality Psychology: Theory, Science, and Research from Hellenism to the *Twentyfirst Century* (Cambridge, UK: Cambridge University Press, 2010): 474.

75. Celeste Kidd and Benjamin Y. Hayden, "The Psychology and Neuroscience of Curiosity," *Neuron* 88, no. 3 (November 4, 2015): 449–60.

76. E Marti-Bromberg et al, "Midbrain Dopamine Neurons Signal Preference for Advance Information about Upcoming Rewards" Neuron Volume 63, Issue 1 (July 2009): 119-126.

77. Lewis Campbell and William Garnett, *The Life of James Clerk Maxwell* (London: Macmillan, 1882).

78. "Keep It Simple?," editorial, *Nature Physics* 7 (June 1, 2011), https://doi.org/10.1038/nphys2024.

79. Mary L. Glick and Keith J. Holyoak, "Analogical Problem Solving," Cognitive Psychology 12 (1980): 351.

80. Dedre Gentner and Jeffrey Lowenstein, "Learning: Analogical Reasoning," in Encyclopedia of Education, Second Edition, ed. James W. Guthrie (New York: Macmillan, 2003).

81. Dedre Gentner, "Structure-Mapping: A Theoretical Framework for Analogy," Cognitive Science 7, no. 2 (April 1983): 155–70.

82. M. Vendetti et al., "Analogical Reasoning in the Classroom: Insights from Cognitive Science," Mind, Brain and Education 9, no. 2 (June 2015): 100–106, block quote from p. 103 references Lindsey E. Richland and Ian M. McDonough, "Learning by Analogy: Discriminating Between Potential Analogs," 35, no. 1 (January 2010): 28–43.

83. Vendetti et al., "Analogical Reasoning in the Classroom." See also: Dedre Gentner, Nina Simms, and Stephen Flusberg, "Relational Language Helps Children Reason Analogically," *in Proceedings of the 31st Annual Conference of the Cognitive Science Society,*

edited by Niels A. Taatgen and Hedderick van Rijn (Cognitive Science Society, 2009), 1054–9; Benjamin D. Jee et al., "Finding Faults: Analogical Comparison Supports Spatial Concept Learning in Geoscience," Cognitive Processing 14, no. 2 (May 2013): 175–87; Bryan J. Matlen, "Comparison-Based Learning in Science Education," unpublished doctoral dissertation (Carnegie Mellon University, 2013); Norma Ming, "Analogies vs. Contrasts: A Comparison of Their Learning Benefits," in Proceedings of the Second International Conference on Analogy, edited by Boicho Kokinov, Keith Holyoak, and Dedre Gentner (Sofia, Bulgaria: New Bulgarian University Press, 2009), 338–47; Linsey Smith et al., "Mechanisms of Spatial Learning: Teaching Children Geometric Categories," Spatial Cognition 9 (2014): 325–37.

84. Nicole M. McNeil, David H. Utta , Linda Jarvin, Robert J. Sternberg, "Should you show me the money? Concrete objects both hurt and help performance on mathematics problems" Learning and Instruction 19 (2009): 171 -184.

85. Raj Chetty, John N. Friedman, Jonah E. Rockoff, "Measuring the Impact of Teachers II: Teacher ValueAdded and Students Outcomes in Adulthood," American Economic Review 104, no. 9 (2014): 2633–79.

86. *Grant, Originals,* 23.

87. *Grant, Originals,* 24.

88. *Grant, Originals,* 163–4.

第八章

89. Kurt Kleiner, "Why Smart People Do Stupid Things," University of Toronto Magazine (Summer 2009): 36.

90. Keith E. Stanovich, "The Comprehensive Assessment of Rational Thinking," Educational Psychologist 51, no. 1 (2016): 1–10.

91. Stanovich, "The Comprehensive Assessment of Rational Thinking," 7.

92. Kleiner, "Why Smart People Do Stupid Things," 36.

93. Daniel Kahneman, Thinking, Fast and Slow (Toronto: Anchor Canada, 2011), 364.

94. Kahneman, Thinking, Fast and Slow, 367.

95. Kahneman, Thinking, Fast and Slow, 158.

96. Kahneman, Thinking, Fast and Slow, 8.

97. Carole Cadwalladr, " 'I Made Steve Bannon's Psychological Warfare Tool': Meet the Data War Whistleblower," The Guardian, March 18, 2018.

98. Levitin, A Field Guide to Lies, 10.

99. Levitin, A Field Guide to Lies, 6.

100. Jeffrey S. Rosenthal, Knock on Wood: Luck, Chance, and the Meaning of Everything (New York: HarperCollins, 2018), 13.

101. Rosenthal, *Knock on Wood,* 126.

102. For, example, in an article in the Hechinger Report in July 2019, computer scientist and educator Neil Heffernan says: "... studies have shown that student-paced learning tools may sometimes exacerbate achievement gaps. A 2013 meta-analysis by Duke University researchers of 23 studies examining the efficacy of "intelligent" tutoring systems showed that self-paced education technology that personalizes learning for each student worsens achievement gaps by allowing already highly motivated students to progress while leaving unmotivated students in the dust. On the other hand, this same meta-analysis showed that systems that were part of a teacher-led homework routine did not worsen achievement gaps and led to increased student learning. Nightly online homework, monitored by a teacher, may help to close achievement gaps."

103. Brown, Roediger, and McDaniel, Make It Stick, 123–4.

104. Ed Yong, "The Weak Evidence Behind Brain-Training Games," The Atlantic, October 3, 2016, https://www.theatlantic.com/science/archive/2016/10/the-weak-evidence-behind-brain-training-games/502559/.

105. Yong, "The Weak Evidence Behind Brain-Training Games."

106. Kathleen Elkins, "The Radical Solution to Robots Taking Our Jobs," World Economic Forum, June 9, 2015, https://www.weforum.org/agenda/2015/06/the-radical-solution- to-robots-taking-our-jobs/.

107. John Geirland, "Go with the Flow," Wired, September 1, 1996.

數學之前人人平等
我們都有數學天份
只缺正確的開導和信心

作　　　者　約翰‧麥登 (John Mighton)
譯　　　者　謝樹寬
總監暨總編輯　林馨琴
責 任 編 輯　楊伊琳
行 銷 企 畫　趙揚光
封 面 設 計　張士勇
內 頁 設 計　賴維明
—
發　行　人　王榮文
出 版 發 行　遠流出版事業股份有限公司
地　　　址　臺北市南昌路 2 段 81 號 6 樓
客 服 電 話　02-2392-6899
傳　　　真　02-2392-6658
郵　　　撥　0189456-1
著 作 權 顧 問　蕭雄淋 律師
—
2020 年 06 月 01 日　初版一刷
新台幣 360 元（如有缺頁或破損，請寄回更換）
有著作權 ‧ 侵害必究　Printed in Taiwan
—
ISBN　978-957-32-8785-8
—
遠流博識網　http://www.ylib.com/
E-mail　ylib@ylib.com

數學之前人人平等：我們都有數學天分，只缺正確的開導和信心 / 約翰 . 麥登 (John Mighton)
作 ; 謝樹寬譯 . -- 初版 . -- 臺北市：遠流，2020.06
　面；　公分
譯自：All things being equal : why math is the key to a better world.
ISBN 978-957-32-8785-8(平裝)

1. 數學 2. 學習方法

310　　　　　　　　　　109006285

國家圖書館出版品預行編目（CIP）資料